International Organization for Standardization

ISOマネジメントシステム強化書

ISO 9001:2015

規格の歴史探訪から Annex SLまで

三代 義雄 [著]
Yoshio Mishiro

Ohmsha

本書に掲載されている会社名・製品名は，一般に各社の登録商標または商標です．

本書を発行するにあたって，内容に誤りのないようできる限りの注意を払いましたが，本書の内容を適用した結果生じたこと，また，適用できなかった結果について，著者，出版社とも一切の責任を負いませんのでご了承ください．

本書は，「著作権法」によって，著作権等の権利が保護されている著作物です．本書の複製権・翻訳権・上映権・譲渡権・公衆送信権（送信可能化権を含む）は著作権者が保有しています．本書の全部または一部につき，無断で転載，複写複製，電子的装置への入力等をされると，著作権等の権利侵害となる場合があります．また，代行業者等の第三者によるスキャンやデジタル化は，たとえ個人や家庭内での利用であっても著作権法上認められておりませんので，ご注意ください．
本書の無断複写は，著作権法上の制限事項を除き，禁じられています．本書の複写複製を希望される場合は，そのつど事前に下記へ連絡して許諾を得てください．

(社)出版者著作権管理機構
(電話 03-3513-6969, FAX 03-3513-6979, e-mail: info@jcopy.or.jp)

JCOPY ＜(社)出版者著作権管理機構 委託出版物＞

はしがき

　国際標準化機構（ISO：International Organization for Standardization）が制定するマネジメントシステム規格（MSS：Management System Standard）のコア規格とも言うべき ISO 9001（品質マネジメントシステム）及び ISO 14001（環境マネジメントシステム）が昨年 9 月に改訂され，11 月には JIS も発行された．9001 は 7 年振り，14001 に至っては 11 年振りの改訂となる．

　今回の規格改訂の大きな特徴は，統合版 ISO 補足指針である「附属書（Annex）SL（共通テキスト）」に従って改訂されたことである．もちろん，9001，14001 とも固有のマネジメントシステムの部分はあるが，今後新設若しくは改訂される ISO 規格は，この共通テキストをベースに開発または改訂されることになる．

　さて，ISO 9001 の改訂は，今回で 5 回目となり，前規格（2008 年版：第 4 版）から大幅な変更が行われた．その主な相違は以下のとおりである．

1) Annex SL の適用（マネジメントシステム規格の共通化）
2) 組織の状況の理解（外部及び内部の課題と密接に関係する利害関係者の要求事項の明確化）
3) プロセスアプローチの適用向上（PDCA サイクルとリスクに基づく考え方の採用）
4) リーダーシップの強化
5) 品質マネジメントシステム（QMS：Quality Management System）の意図した結果の達成，パフォーマンスの強調，顧客満足の向上
6) 明示的な要求事項及び規範的な要求事項の削除
7) サービス業への配慮（表現を変更）
8) QMS 固有の要求事項の強化，追加，拡大

　本書は，このように改訂された ISO 9001 を正しく理解し，組織が効率的にシステム変更を行うこと，また組織を審査する認証機関（審査機関）が効果的な審査を行えることができるようにまとめたものである．関係各位に活用していただければ望外の喜びである．

　なお，2015 年 9 月に改訂された ISO 14001:2015（第 3 版）についても，本書と同じ形式で姉妹書としてまとめているので，こちらも参考としていただければ幸いである．

　最後に，本書の執筆に当たって，種々の資料提供をしていただいた 株式会社 エル・エム・ジェイ・ジャパンの 南澤 兼雄 氏，望月 清秀 氏及び本書の編集でお世話いただいたオーム社書籍編集局の方々に感謝申し上げる．

2016 年 1 月

三 代 義 雄

本書の構成と表記について

本書は以下のように，4章＋付録で構成している．

- 1章　品質マネジメントシステム　規格の歴史探訪
- 2章　ISO 9001：2008の再認識
- 3章　ISO 9001：2015の概要
- 4章　2015年版と2008年版の詳細比較
- 付録　附属書SL（Annex SL）　マネジメントシステム規格の提案

1章では，ISO 9001の第1版から第5版までの改訂の経緯をISO 14001の改訂経緯と相互参照（クロスリファレンス）して解説した．9001は第3版（2000年版）でも，品質保証（QA：Quality Assurance）からQMSへと大幅に改訂されている．この改訂は，1996年に第1版として制定された14001が大きく影響している．特にこの章では，14001の環境マネジメントシステム（EMS：Environmental Management System）の考え方を理解することで，QAとQMSの相違を理解していただくように配慮してまとめた．

2章では，9001の第4版（2008年版）の内容及び問題点を正しく理解するために，関連箇条を相互参照し，極力図表を用いて解説した．第4版は，必ずしもQMSになりきっていない箇所（特に用語の定義）が多々あるので，ここでも必要に応じて14001の第2版（2004年版）を相互参照してまとめた．さらに，9001とISO 9004：2009（品質マネジメントシステム − パフォーマンス改善の指針）との関連についても解説している．ISO 9001：2015（第5版）では，9004の考え方が入ってきており，要求事項が拡大されているので，この章で9004の重要性を再認識していただけるよう配慮した．

3章では，9001の第5版（2015年版）と第4版との相違点を理解するために，2章と同様に関連箇条を相互参照し，極力図表を用いて解説した．今回の改訂では，サービス産業への配慮を強化したため，製造業にとってはわかりにくくなった箇所も多々ある．2章で第4版の内容を再確認してから，第5版への移行に取り組んでいただきたい．

4章では，9001の第5版と第4版とを詳細に比較してまとめた．比較表の左欄に第5版を，右欄に第4版を，各箇条の要求事項を逐次比較して記述した．さらに，規格を理解するための「参考情報」，関連する「用語及び定義」及び「9001の附属書A」の中で，参考となる内容を抜粋してまとめている．

付録では，2014年に改訂されたAnnex SLの概要をまとめた．

[表記について]

本書における記載において，ISO規格の箇条，附属書等については邦訳版であるJIS規格を原則，引用・使用している．

　○凡　例
　　ISO 9001：2015 → JIS Q 9001：2015
　　ISO 9001：2008 → JIS Q 9001：2008
　　ISO 9000：2015 → JIS Q 9000：2015
　　ISO 14001：2004 → JIS Q 14001：2004　等

目　　次

1章　品質マネジメントシステム　規格の歴史探訪
- 01　はじめに ··· *002*
- 02　ISO 9000s（シリーズ）の誕生 ····················· *006*
- 03　監査の規格の登場 ······································· *008*
- 04　市場型製品と契約型製品 ······························ *008*
- 05　認証制度の誕生と全世界への広がり ············ *009*
- 06　日本における ISO 9000s に関する認証制度 ····· *014*
- 07　ISO 14001（環境マネジメントシステム）の登場 ···· *014*
- 08　日本での ISO 14001 の認証制度 ·················· *018*
- 09　簡易版（KES，エコアクション 21）による認証制度の発足 ······· *020*
- 10　ISO 9001 の大幅改訂（2000 年改訂） ·········· *022*
- 11　継続的改善 ··· *027*
- 12　ISO 9001 と ISO 14001 の同時採用 ············· *029*
- 13　監査の規格の統合 ······································· *031*
- 14　マネジメントシステム規格の章構成の統一 ···· *036*

2章　ISO 9001：2008（JIS Q 9001：2008）の再認識
- 01　はじめに ·· *040*
- 02　ISO 9001：2008 の要求項目 ························ *042*
- 03　ISO 9001 の適用範囲 ································· *042*
- 04　製品の定義 ··· *043*
- 05　品質方針（5.3） ··· *045*
- 06　品質目標（5.4.1） ······································· *047*
- 07　QMS の計画（5.4.2） ··································· *051*
- 08　品質マニュアル（4.2.2） ······························ *052*
- 09　プロセスアプローチ（0.2） ··························· *054*
- 10　製品実現の計画（7.1） ································ *058*
- 11　設計・開発（7.3） ······································· *058*
- 12　製品に関する要求事項の伝達経路 ················ *064*

v

目次

13	プロセスの妥当性確認（7.5.2）	*066*
14	法令・規制要求事項	*068*
15	顧客クレームへの対応	*068*
16	内部監査（8.2.2）	*071*
17	トップマネジメントの役割	*073*
18	ISO 9004:2009 の適用	*075*
19	ISO と日本の文化	*082*

3章　ISO 9001:2015（JIS Q 9001:2015）の概要

01	はじめに	*084*
02	適用範囲	*084*
03	ISO 9001:2015 の要求項目	*085*
04	プロセスアプローチの適用向上	*091*
05	リスクに基づく考え方	*094*
06	組織及びその状況の理解（4.1）	*097*
07	利害関係者のニーズ及び期待の理解（4.2）	*099*
08	法令・規制要求事項	*101*
09	製品及びサービスに関する要求事項	*103*
10	評価に関する要求事項	*106*
11	改　善	*109*
12	変更に関する要求事項	*111*
13	トップマネジメントの役割	*114*
14	予防処置	*117*
15	文書化した情報（7.5.3）	*117*
16	その他の変更	*121*
17	用語及び定義	*127*
18	品質マネジメントの原則	*127*
19	2015 年版への移行時の注意事項	*129*

4章　2015 年版と 2008 年版の詳細比較

01	ISO 9001　新旧規格の目次比較	*136*
02	ISO 9001:2015 の序文	*138*

03　ISO 9001:2015　要求事項 ……………………………………… *142*
　　1　適用範囲 ………………………………………………………… *142*
　　2　引用規格 ………………………………………………………… *144*
　　3　用語及び定義 …………………………………………………… *144*
　　4　組織の状況 ……………………………………………………… *145*
　　5　リーダーシップ ………………………………………………… *150*
　　6　品質マネジメントシステムに関する計画 …………………… *154*
　　7　支　　援 ………………………………………………………… *158*
　　8　運　　用 ………………………………………………………… *167*
　　9　パフォーマンス評価 …………………………………………… *183*
　　10　継続的改善 ……………………………………………………… *188*

付　　録　附属書SL（Annex SL）マネジメントシステム規格の提案… *191*

品質マネジメントシステム規格の歴史探訪

1章

1章 品質マネジメントシステム　規格の歴史探訪

01 はじめに

　品質，環境，食品安全，情報セキュリティなどの分野別のマネジメントシステム規格（MSS：Management System Standard）が数多く制定され，日本国内でも多くの組織がこの MSS を取り入れ，実践し，第三者機関による審査が行われている．これらの MSS は国際標準化機構（ISO：International Organization for Standardization）の個別の委員会で作成され，その章構成や用語の定義が統一されていないことから，複数の MSS を採用する組織では，システム構築，実施，維持，改善及び審査で混乱が生じていた．

　これに対応するため，**Annex SL**（ISO/IEC 専門業務用指針：テキスト並びに共通用語及び中核となる定義）が 2013 年 4 月に発行された．

　今後作成・改訂される MSS はこの共通テキストに基づいて作成されることになる．すでに ISO 27001（情報セキュリティ）は，これをベースに改訂発行されている．

　ISO 9001（品質）も，この共通テキストを指針として改訂され，2015 年 9 月に発行された．同時に ISO 14001（環境）も発行されている．ISO 9001 を適用し，認証を受けている組織は，改訂規格発行後，3 年以内に移行する必要がある．改訂発行された ISO 9001 の概要については **3章** を，2008 年版と 2015 年版の詳細比較については **4章** を参照願いたい．

　本章では，改訂規格を正しく理解し，移行作業を間違いなく，かつ効率的に行うために，ISO 9001 の改訂の経緯，規格の狙い及び監査・審査との関係を，ISO 14001 と相互参照（クロスリファレンス）してまとめた．

　品質と環境に関する MSS 規格の改訂の履歴を **表1** に，これらの規格の正式名称を **表2** に示す．これらの資料から，ISO 9001 と ISO 14001 の改訂履歴，規格の狙い及び監査対応を整理して，**表3** に示す[注1]．

　以降の解説は，**表1**〜**表3** を参照しながら読み進めていただきたい．

［注1］　図表の中で，①，②〜などと記載しているのは，説明を容易にするために示した規格の改訂番号であり，正式の規格には付いてない．

表1 品質と環境に関するMSS規格の改訂の経緯

年	品質	環境
1958	MIL-Q-9858	
1959	品質システム監査(**L. Marvin Johnson**)	
1967		「公害対策基本法」制定
1979	BS 5750	
1985	英国:第三者認証制度発足	
1987	① **ISO 9000s** (9000/**9001/9002/9003**/9004)(8402:1986)	
1990	ISO 10011-1	
1991	ISO 10011-2/3　　JIS Z 9900s 制定	
1992		① BS 7750 地球サミット(アジェンダ21)
1993		ISO TC207 設立　　「環境基本法」制定
1994	② **ISO 9000s**　　JAB 発足[*1] (9000/**9001/9002/9003**/9004)(8402)	② BS 7750
1995		EU:**EMAS** 運用
1996	JAB 名称変更[*2]	① **ISO 14000s**　　JIS Q 14000s 制定 (14001/14004/14010/14011/14012)
2000	③ **ISO 9000s**　　JIS Q 9000s 制定 (9000/**9001**/9004)	「循環型社会形成推進基本法」制定
2002	ISO 19011 (QMS/EMS 監査の指針)	
2004		② **ISO 14000s** (14001/14004)
2005	④ **ISO 9000** 改訂	・エコアクション21
2006	ISO/IEC 17021 (認証機関に対する要求事項)	・条例/協定/指針
2008	④ **ISO 9001** (追補改訂)	・KES(京都/簡易版)
2009	④ **ISO 9004**	・業界の行動規範
2011	ISO 19011 (MS 監査のための指針) ISO/IEC 17021 (認証機関に対する要求事項)	
2012	ISO/IEC TS 17021-2 (EMS の審査及び認証に関する力量要求事項)	
2013	ISO/IEC TS 17021-3 (QMS の審査及び認証に関する力量要求事項) **Annex SL** (ISO/IEC 統合版 ISO 補足指針 マネジメントシステム規格の提案)	
2014	**Annex SL** (2014 年に改訂)	
2015	ISO/IEC 17021-1 (認証機関に対する要求事項)	
	⑤ **ISO 9001**	③ **ISO 14001**

- **ISO**(国際標準化機構:International Organization for Standardization, 語源はギリシャ語の ISOS:=Equal)の発足は1947年で,日本は1952年に加盟している.
- **EMAS**:**E**co-**M**anagement and **A**udit **S**cheme:環境管理及び環境監査要綱(EC 規則)
- **MIL**:米国規格, **BS**:英国規格,
- [*1] 日本品質システム審査登録認定協会, [*2] 日本適合性認定協会

1章 品質マネジメントシステム 規格の歴史探訪

表2 品質と環境に関する MSS 規格

年	品質関連規格	
1986	① ISO 8402	品質 ─ 用語 Quality ─ Vocabulary
1987	① ISO 9000s	
	① ISO 9000	品質管理及び品質保証の規格 ─ 選択及び使用の指針 Quality management and quality assurance standards ─ Guidelines for selection and use
	① ISO 9001	品質システム ─ 設計・開発,製造,据付け及び付帯サービスにおける品質保証モデル Quality system ─ Model for quality assurance in design/development, production, installation and servicing
	① ISO 9002	品質システム ─ 製造及び据付けにおける品質保証モデル Quality system ─ Model for quality assurance in production and installation
	① ISO 9003	品質システム ─ 最終検査及び試験における品質保証モデル Quality system ─ Model for quality assurance in final inspection and test
	① ISO 9004	品質管理及び品質システムの要素 ─ 指針 Quality management and system elements ─ Guidelines
1994	② ISO 8402	品質管理及び品質保証 ─ 用語 Quality management and quality assurance ─ Vocabulary
	② ISO 9000s	
	② ISO 9000-1	品質管理及び品質保証の規格 ─ 第1部:選択及び使用の指針 Quality management and quality assurance standards ─ Part 1: Guidelines for selection and use
	② ISO 9001	① 9001 に同じ
	② ISO 9002	品質システム ─ 製造,据付け及び付帯サービスにおける品質保証モデル Quality system ─ Model for quality assurance in production, installation and servicing
	② ISO 9003	① 9003 に同じ
	② ISO 9004-1	品質管理及び品質システムの要素 ─ 第1部:指針 Quality management and system elements ─ Part 1: Guidelines
2000	③ ISO 9000	品質マネジメントシステム ─ 基本及び用語 Quality management systems ─ Fundamentals and vocabulary
	③ ISO 9001	品質マネジメントシステム ─ 要求事項 Quality management systems ─ Requirements
	③ ISO 9004	品質マネジメントシステム ─ パフォーマンス改善の指針 Quality management systems ─ Guidelines for performance improvements
2005	④ ISO 9000	③ ISO 9000 に同じ
2008	④ ISO 9001	③ ISO 9001 に同じ
2009	④ ISO 9004	③ ISO 9004 に同じ
2015	⑤ ISO 9001	③ ISO 9001 に同じ

01 はじめに

年		環境関連規格
1996	① ISO 14001	環境マネジメントシステム — 仕様及び利用の手引 Environmental management systems — Specification with guidance for use
	① ISO 14004	環境マネジメントシステム — 原則，システム及び支援技法の一般指針 Environmental management systems — General guidelines on principles, systems and supporting techniques
2004	② ISO 14001	環境マネジメントシステム — 要求事項及び利用の手引 Environmental management systems — Requirements with guidance for use
	② ISO 14004	① 14004 に同じ
2015	③ ISO 14001	① 14001 に同じ

年		監査・審査関連規格
1990	ISO 10011-1	品質システムの監査の指針 — 第1部：監査 Guidelines for auditing quality systems — Part 1：Auditing
1991	ISO 10011-2	品質システムの監査の指針 — 第2部：品質システム監査員の資格基準 Guidelines for auditing quality systems — Part2：Qualification criteria for quality systems
	ISO 10011-3	品質システムの監査の指針 — 第3部：監査プログラムの管理 Guidelines for auditing quality systems — Part3：Management of audit programmes
1996	ISO 14010	環境監査の指針 — 一般原則 Guidelines for environmental auditing — General principles
	ISO 14011	環境監査の指針 — 監査手順 — 環境マネジメントシステムの監査 Guidelines for environmental auditing — Audit procedures — Auditing of environmental management systems
	ISO 14012	環境監査の指針 — 環境監査員のための資格基準 Guidelines for environmental auditing — Qualification criteria for environmental auditors
2002	ISO 19011	品質及び/又は環境マネジメントシステム監査のための指針 Guidelines for quality and/or environmental management systems auditing
2006	ISO/IEC17021	適合性評価 — マネジメントシステムの審査及び認証を行う機関に対する要求事項 Conformity assessment — Requirements for bodies providing audit and certification of management systems
2011	ISO 19011	マネジメントシステム監査のための指針 Guidelines for auditing management systems
	ISO/IEC17021	（2007年版の改訂）
2012	ISO/IEC TS 17021-2	適合性評価 — マネジメントシステムの審査及び認証を行う機関に対する要求事項 — 第2部：環境マネジメントシステムの審査及び認証に関する力量要求事項 Conformity assessment — Requirements for bodies providing audit and certification of management systems — Part2：Competence requirements for auditing and certification of environmental management systems
2013	ISO/IEC TS 17021-3	適合性評価 — マネジメントシステムの審査及び認証を行う機関に対する要求事項 — 第3部：品質マネジメントシステムの審査及び認証に関する力量要求事項 Conformity assessment — Requirements for bodies providing audit and certification of management systems — Part3：Competence requirements for auditing and certification of quality management systems
2015	ISO/IEC TS 17021-1	適合性評価 — マネジメントシステムの審査及び認証を行う機関に対する要求事項 — 第1部：要求事項（2011年の改訂） Conformity assessment — Requirements for bodies providing audit and certification of management systems — Part3：Competence requirements for auditing and certification of quality management systems

表3　ISO 9001 と ISO 14001 の改訂の流れ

年	品質			環境		
	規格	狙い	監査対応	規格	狙い	監査対応
1987	① 9001	QA	一, 二者			
1994	② 9001	QA	一, 二者 (三者)			
1996				① 14001	EMS	一, 二, 三者, 自己宣言
2000	③ 9001	QMS	一, 二, 三者			
2004				② 14001	EMS	一, 二, 三者, 自己宣言
2008	④ 9001	QMS	一, 二, 三者			
2015	⑤ 9001	QMS	一, 二, 三者	③ 14001	EMS	一, 二, 三者, 自己宣言

QA：Quality Assurance　　　　　　　　EMS：Environmental Management System
QMS：Quality Management System

02　ISO 9000s（シリーズ）の誕生

　ISO 9000s（9000, 9001, 9002, 9003, 9004）は，英国の BS 5750 の影響を受けて作成された．BS 5750 自体は，米国の MIL 規格（米国防総省が制定した米軍の資材調達に関する規格）の影響を受けて作成されている．この MIL 規格こそが，顧客の供給者に，システム構築と監査を要求した最初の規格である[注2]．

　米軍の供給者から不適合品が多く納入されたので，米軍は受入検査を厳しくしたが，なかなか不適合品が減少しない．さらに，工程内検査を厳しく行ったものの不適合品の減少は止まらなかった．そこで米軍は，供給者に製品を製造するためのシステム構築を要求し，そのシステムどおりに製品が製造されているのかを監査することにした．このとき，米国防総省に指名されて軍需産業の供給業者の監査を行ったのが，L. Marvin Johnson（L. マービン・ジョンソン）である．最初は，ジョンソン氏一人で監査を行っていたが，米軍の供給業者は数多く存在するので，OJT（On-the-Job Training）で監査員を養成しながら監査を行い，監査技法（ジョンソン・メソッド）を確立したのである．

[注2]　・MIL-Q-5923　Quality Control Requirements, General（品質保証共通仕様書）
　　　・MIL-Q-9858　Quality Program Requirements（品質管理共通仕様書）
　　　・MIL-I-45208A（検査管理共通仕様書）
　　　・BS 5750（Quality Management Systems, 英国の規格）

日本でも，この MIL 規格を基にした防衛庁仕様書（DSP：Defense Specification）が，1982 年に制定され，防衛庁の供給者にシステム構築を要求し，防衛庁による監査が行われるようになった[注3]．

この MIL 規格の完成度が高かったので，英国の BS 5750 の制定につながり，さらに，1987 年に品質システムに関する国際規格として，ISO 9000s（9000, 9001, 9002, 9003, 9004）の制定に至ったのである．

ISO 9000s の規格の中で，顧客が供給者にシステム構築を要求し，二者監査に使われた規格は 9001, 9002, 9003 である．9001, 9002, 9003 の序文に「購入者と供給者との間の契約の目的に適した"機能上又は組織上の能力"の点で異なる 3 つの形式を示す」と記述されている．これらの規格の主な相違は，9001 は，設計から付帯サービスまでのシステム全体に，9002 は設計・開発の機能がない組織に，9003 は 9002 よりさらに小規模の組織（中小企業）に適用する要求事項が規定されていた[注4]．

上記の 3 つの規格とは別に，8402, 9000, 9004 という 3 つの重要な規格があるので，以下に解説する．

1987 年に 9001, 9002, 9003 が発行される前年に用語の定義 ISO 8402:1986 が発行されている．この 8402 は，各 9000s 規格の用語の定義をまとめて示したもので，各規格での引用規格とされている．引用規格とは「規定の一部」であり，参考規格ではない．当然，この 8402 は監査の対象にもなるので，用語の定義をよく読んで規格を解釈することが重要である．

ISO 9000:1987 は，内部品質管理（9004）及び外部保証（9001, 9002, 9003）に関する一連の規格を選択し使用するための指針を示した規格であり，監査の対象にはならない．

ISO 9004:1987 は，顧客に製品を提供する供給者のための規格である．供給者が品質管理を行うときに何をしなればならないかを示した手引きであり，最も

[注3] ・DSP Z 9001:1982　品質保証共通仕様書
　　　・DSP Z 9002:1982　品質管理共通仕様書
　　　・DSP Z 9003:1982　検査制度共通仕様書

[注4] ・9001:1987　品質システム ― 設計・開発，製造，据付け及び付帯サービスにおける品質保証モデル
　　　・9002:1987　品質システム ― 製造及び据付における品質保証モデル
　　　・9003:1987　品質システム ― 終検査及び試験における品質保証モデル

幅の広い規格である．当然，この規格も監査の対象にはならない[注5]．

やがて，これらの規格は1994年に改訂（第2版）され，ISO 9000sは全世界へ広がっていったのである．

03 監査の規格の登場

ISO 9000sへの適合監査を行うに当たって，当時は監査の基準がなかった．そこで参考にされたのが，1970年にジョンソン氏が発行した「ISO 9000 外注・購入先監査／内部監査のための品質監査ハンドブック」である．このハンドブックを参考として，1990/1991年に監査の規格として初めてISO 10011s（品質システムの監査の指針）が制定された．

ジョンソン氏は1972年にヨーロッパに招かれ，「主任監査員養成コース」を数多く開催し，監査技法の普及と監査員の養成を行った．これがこの後に述べる1985年に英国が発足させた認証制度へとつながるのである[注6]．

04 市場型製品と契約型製品

9001, 9002, 9003を適用するに当たって，もう1つ考慮すべきことがある，それは，市場型製品と契約型製品にどのように適用するかということである．これらの製品と9001, 9002, 9003との関係を 表4 にまとめた．

1987年に制定された9001, 9002, 9003は製造業の契約型製品を対象として生まれたものである．市場型製品の場合は，顧客が量販店で各社の製品を比較して，良いものを選定して購入できる．しかし，契約型製品の場合は，どのような製品が納入されるか不明な点が多いので，顧客が事前に供給者の品質保証システムを確認して発注し，受入検査とは別に顧客によるシステム監査（二者監査）を

[注5] ・8402:1986　品質 — 用語
・9000:1987　品質管理及び品質保証の規格 — 選択及び使用の指針
・9004:1987　品質管理及び品質システムの要素 — 指針

[注6] ・19011-1:1990　品質システムの監査の指針 — 第1部：監査
・19011-2:1991　品質システムの監査の指針 — 第2部：品質システム監査員の資格基準
・19011-3:1991　品質システムの監査の指針 — 第3部：監査プログラムの管理

表4　市場型製品と契約型製品

市場型製品（大量生産／見込生産）	契約型製品（一品生産／受注生産）
・コスト一定のもとで品質最高を狙う　　→　品質向上 ・顧客は通常その製品の使用者 ・品質が悪ければ二度と購入しない ・**良いものを作るための品質管理**	・品質一定のもとでコスト最低を狙う　　→　コストダウン ・顧客はその製品の直接の使用者でない場合が多い ・使用者の声が企業に伝わりにくいことが多い ・**良いものを買うための品質管理** 　　　↓ 　製品検査，工程検査 　**品質保証体制の監査（第二者監査）**

- **ISO 9001/2/3：1987/1994** は契約型製品について顧客が供給者に対して要求する品質保証の要求事項として定められたものである．その原点は **MIL Q 9858：1958** である．これらの規格は，第二者監査 用の規格として作成された．
- **市場型製品**の場合は，製品仕様を定める，例えば，供給者の製品企画部門や営業部門を顧客として ISO 9001/2/3 を適用している例がある．
- **ISO 9001：2000/2008**（第3版／第4版）では**市場型製品／契約型製品**の区別がなくなった．

行うことにしたのである．さらに9001及び9002では，供給者自身による内部監査（一者監査）も要求している．すなわち，品質保証システム構築とその実施状況を監査することにより，不適合品の発生を防止することにしていた．

しかし，これらの規格が市場型製品にも適用されるようになってきた．市場型製品に適用する場合は，顧客（エンドユーザではない）が誰であるかを明確に定めて適用する必要がある．この顧客としては，市場型製品を開発した製品企画部門，営業部門，量販店とする例が多い．つまり，開発した製品が決められたシステムどおりに製造されているのかを，製品企画部門などが監査することにより不適合品の発生を防止するように利用されてきたのである．

05　認証制度の誕生と全世界への広がり

1987年に制定された ISO 9000s（9000，9001，9002，9003，9004）の中で，顧客による監査（二者監査）の対象になったのが，9001，9002，9003である．

これらの規格は，不適合品の減少に効果があるということで，ヨーロッパ中に広がり，多くの顧客が供給者にその適用を契約要求条件とし，顧客による二者監査が頻繁に行われるようになった．やがて，この二者監査が第三者機関による認

証で代行されるようになっていった．一者監査，二者監査，三者監査（審査）などの監査の種類については，図1 にまとめた[注7]．

英国は，1985年に第三者機関による認証制度を発足させた．これは供給者が9001，9002，9003に示された要求どおりにシステムを運用しているのかを第三者機関（認証機関）が審査をし，適合していれば証明書を発行するという制度である．

9001，9002，9003は先に述べたとおり，顧客が要求する二者監査用の規格であるが，なぜ第三者審査に適用されるようになったのだろうか．その経過を考察して，図2 にまとめた．

最初は，顧客自身が直接，供給者の監査を行っていたが，供給者は数多くおり，顧客にとってこの監査による負担が大きくなってきた．一方，監査を受ける供給者にとっても多くの顧客による監査を頻繁に受けなくてはならなくなり，その負担が重くなってきた．そこで，顧客に代わって第三者機関（認証機関）の審査員が審査を行い，システムが適合していれば，証明書を発行する認証制度が発足したのである．9001，9002，9003は，二者監査用の規格として生まれたが，第三者審査に流用されることになった．また，この認証制度が非常に質が高いということで，ヨーロッパ中に広がり，やがて全世界に広がったわけである．

この認証制度が全世界に広がったもう1つの要素がある．顧客は供給者を選定するときに認証取得の証明書があることを選定条件の1つにするようになってきた．しかし，供給者がその作業をさらに外注に出したらどうなるのだろうか．顧客にとって供給者が外注するであれば，供給者はその外注先の管理を徹底してほしいと願うのは当然である．9001では，供給者が外注する場合は「購買管理」で厳しい要求をしている．この要求は9001の第1版から第5版まで順次厳しくなってきた．ISO 9001:2008（第4版）に記載されている購買要求事項を認証制度の流れに合わせて図3 に示した．

この要求事項の中で最も注目を引くのが，「QMSに関する要求事項」である．ISO 9001:1984（第1版）では，「該当する場合は」という但し書きがついているがInternational Standardと記載されていた．すなわち，供給者の外注先へも9001の認証取得を暗に要求しているのである．このInternationalという表

[注7] 監査には一者監査，二者監査，三者監査があるが，その中で認証制度に基づいた監査を日本では審査と訳すことにしている．

05 認証制度の誕生と全世界への広がり

監査の種類		内容
内部監査 (internal audit)	第一者監査 (first-party audit)	・内部監査は，第一者監査と呼ばれることもあり，マネジメントレビュー及びその他の**内部目的**（例えば，マネジメントシステムの有効性を確認する，又はマネジメントシステムの改善のための情報を得る．）のために，その組織自体又は<u>代理人</u>によって行われる． ・内部監査は，その組織の適合を**自己宣言**するための基礎となり得る． ・多くの場合，特に中小規模の組織の場合は，**独立性**は，監査の対象となる活動に関する責任を負っていないことで，又は偏り及び利害抵触がないことで実証することができる．
外部監査 (external audit)	第二者監査 (second-party audit)	・第二者監査は，**顧客**など，その組織の利害関係者又はその<u>代理人</u>によって行われる．
	第三者監査 (third-party audit)	・第三者監査は，**規制当局**又は**認証機関**のような，独立した監査機関によって行われる．
複合監査 (combined audit)		・複数の異なる分野（例えば，品質，環境及び労働安全衛生）のマネジメントシステムを一緒に監査する場合，これを複合監査という．
合同監査 (joint audit)		・一つの被監査者（3.7）を複数の監査する組織が協力して監査する場合，これを合同監査という．
参考：統合審査（ISO/IEC 17021:2011） (integrated audit)		・依頼者が，二つ以上のマネジメントシステム規格の要求事項を単一のマネジメントシステムに統合して適用し，二つ以上の規格に関して審査される場合である．

(JIS Q 19011:2012 より抜粋)

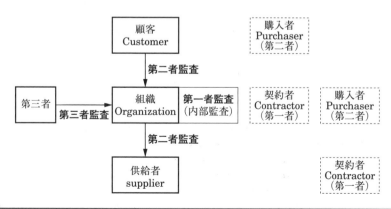

図1　監査の種類

011

1章 品質マネジメントシステム 規格の歴史探訪

現は ISO 9001:1994（第2版）で削除されたが，多くの認証取得した供給者は外注先へ9001の認証取得の要求をするようになってきたのである．外注先が9001を認証取得すれば，さらに孫外注する場合は9001の認証取得を要求することになり，9001の認証取得はねずみ算式に全世界に広がったのである．

ISO 9000s は1994年に改訂（第2版）され，9001，9002，9003の序文に「供給者がその能力を評価するため，及び外部関係者（external parties）が供給者の能力を評価するために適した品質システムの要求事項の異なる3つの形式を示す」と記述され，これらの規格は二者監査用の規格であるが，第三者審査にも

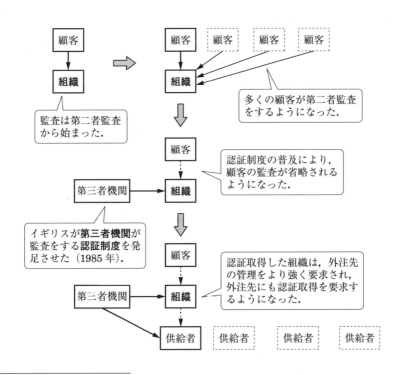

[注8] 9001に記述されている，顧客，受注企業，受注企業の外注先の呼び方が下記のとおり変更されているが，ここでは第3版の呼び方で表現している．
1987年版（第1版）顧客 → 供給者 → 下請負契約者
1994年版（第2版）顧客 → 供給者 → 下請負契約者
2000年版（第3版）顧客 → 組　織 → 供給者

図2　認証制度誕生の流れ[注8]

05 認証制度の誕生と全世界への広がり

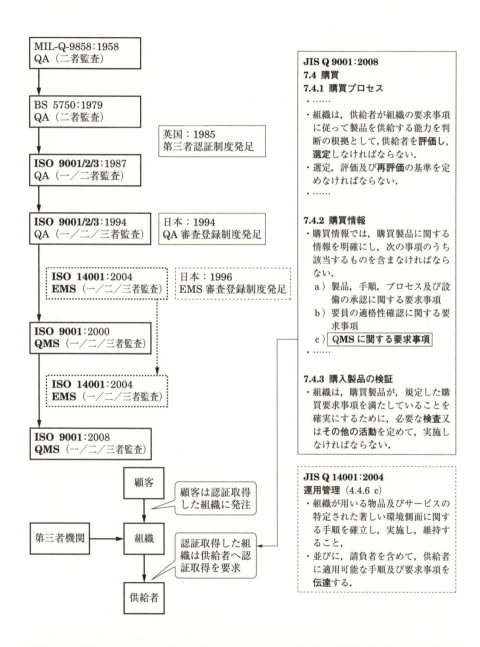

図3 QMS/EMS規格と認証制度

適用できる規格となった[注9].

これらの規格（第2版）は第1版と大きな相違がないので，ここでの概要の記述は省略する．

この後，9001，9002，9003は，2000年に9001に統合され，その内容もQA（品質保証）からQMS（品質マネジメントシステム）規格へと大幅に改訂（第3版）された．この大幅改訂の要因は，1996年に制定されたISO 14001との両立性を確保するためである．

06　日本における ISO 9000s に関する認証制度

1987年に，9001，9002，9003の第1版が発行されたが，日本国内の企業はあまり興味を示さなかった．ところが，先に述べたISOの全世界的な広がりが影響し，ヨーロッパの顧客が日本の製品を購入する際に，9001や9002の認証取得を要求するようになった．やがて日本でも認証取得する企業が増加してきたので，日本はISO 9000sを日本の国内規格として認め，1991年にJIS規格（JIS Z 9900s）が初めて制定された．しかし，この時点で日本では認証制度が採用されていなかったため，審査は外資系の認証機関（審査機関）に依頼するという状況だった．

1994年，ようやく日本でも認証制度を採用することになり，認証機関の認定機関として，JAB（日本品質システム審査登録認定協会）が設立された．これに伴い国内系の認証機関が続々と登場し，現在では価格競争が行われるまでに至っている．

07　ISO 14001（環境マネジメントシステム）の登場

1996年にISO 14001，14004，14010，14011，14012が制定された．14001は，EMS（Environmental Management System）の要求事項を示し，監査・審査

[注9]　・9001:1994　品質システム ― 設計・開発，製造，据付け及び付帯サービスにおける品質保証モデル
　　　・9002:1994　品質システム ― 製造及び据付における品質保証モデル
　　　・9003:1994　品質システム ― 最終検査及び試験における品質保証モデル
　　　・8402:1994　　品質管理及び品質保証 ― 用語
　　　・9000-1:1994　品質管理及び品質保証の規格 ― 第1部：選択及び使用の指針
　　　・9004-1:1994　品質管理及び品質システムの要素 ― 第1部：指針

の対象になる規格である．14004 は EMS の一般的な考え方やその構築についての指針を示しており，監査の対象にはならない．14010, 14011, 14012 は環境監査の指針を示した規格である[注10]．

ここで，14001 の制定の経緯を考察してみよう．環境問題は公害からスタートしている．日本でも高度経済成長に伴い，水俣病，イタイイタイ病，四日市ぜんそくなどの公害問題が生じてきた．そこでこの問題に対処するため，1967 年に「公害対策基本法」が制定された．同法のもと，徹底的な公害対策が施行され，各種の規制・基準が制定された．企業が創業するには，これらの規制・基準を満足すればよかった．

しかし，近年になって公害問題とは別に地球温暖化，オゾン層の破壊などの地球環境問題が生じてきた．これらの地球環境問題の相互関係を整理して，図4 に示す．この地球環境問題に対処するためには，公害問題のように個々の企業を法規制で取り締まるだけでは解決せず，全世界が協力して対処する必要が強調された．そこで 1992 年に地球サミットが開催され，21 世紀の地球を救うためのアジェンダ 21 が採択された．これを受けて，ISO でも環境に関する国際規格を作成することが決定され，1996 年に ISO 14000s が制定されたのである．

14001 の原案作成に当たって，先輩規格である ISO 9001:1994 が参考にされたが，9001 は先に述べたとおり品質保証（QA）規格である．これと同じ考えで 14001 を作成すると環境保証（EA）の規格となってしまう．EA の規格とは最低限の環境保証，つまり法規制を守ることである．もし，法規制を守る国際規格を制定すれば，先進国と開発途上国の法規制値には大きな差があり，全世界を同じ基準にすることは不可能である．そこで，EMS という概念が適用された．つまり，法規制値については，各国の基準を順守し，これをベースとして，さらに環境にやさしいプラスの側面を環境目的及び目標に設定し，これを達成するためのシステムを新しく構築することを要求したのである．このプラスの側面を達成するためにシステムを構築することを改善といい，これを次々に行うことを継続的改善という[注11]．

[注10] ・14001:1996　環境マネジメントシステム ― 仕様及び利用の手引
・14004:1996　環境マネジメントシステム ― 原則，システム及び支援技法の一般指針
・14010:1996　環境監査の指針 ― 一般原則
・14011:1996　環境監査の指針 ― 監査手順 ― 環境マネジメントシステムの監査
・14012:1996　環境監査の指針 ― 環境監査員のための資格基準

[注11] これから法規制値を満足することをマイナス（−）の側面，それ以上のことに取り組むことをプラス（＋）の側面と表現する．

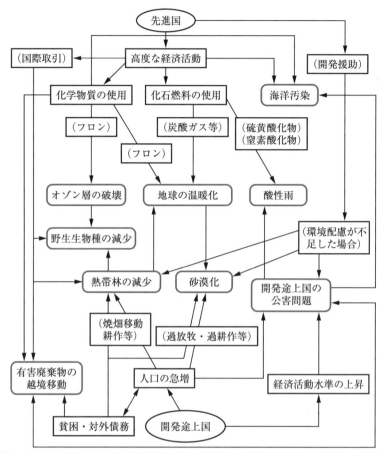

各種の地球環境問題の間には本図に掲げた以外にも複雑な因果関係が存在するが本図では省略した．
（備考）環境庁（現環境省）資料による（「平成2年版環境白書」より）

図4　地球環境問題の相互関係

　さらに，14001の原案作成に当たって，参考にされたのが英国のBS 7750とEC規則のEMASである．これらの規格や規則と14001の制定の背景をまとめたものを 図5 に示す．

　ヨーロッパでは，14001制定前からEMASとBS 7750に基づいてEMSが実施されていた．14001の検討に当たって，ヨーロッパの委員は極力，EMASやBS 7750の内容を盛り込むように提案したが，折り合いが付かず，規格の解釈に幅を持たせた，あいまいな規格となってしまった．14001は要求事項（本文）

07 ISO 14001(環境マネジメントシステム)の登場

と利用の手引き(附属書)に分けて作成され,本文は客観的検証が可能なもの,手法が確立されているもの,現在利用が可能なものが組み入れられ,検証が難しい事項や試行段階の方法は手引きに記述されている.もちろん監査・審査の対象になるのは本文のみで,手引きはその対象にはならない.しかし,手引きに記述されていることは,この後の改訂で本文に入ってくる可能性がある.日本は先進国であるので,附属書の内容も考慮に入れてシステム構築をしておくことが重要

EMAS, BS 7750 との比較

EMAS	BS 7750	ISO 14001
＊環境初期調査 ・現場の活動に関する環境上の問題点,影響及びパフォーマンスについての最初の包括的な分析	・環境初期調査は規定していないが,**附属書**に環境初期調査が書かれている	・環境初期調査は規定していないが,**附属書**に環境初期調査が書かれている
＊環境管理システムと監査	＊環境管理システムと監査 a) 影響評価と登録 b) 法規の登録 c) マネジメントマニュアル ・EMASとの両立を意図	＊環境管理システムと監査 ・BS 7750 の a)〜c) は規定されていない
＊環境声明書 ・一般公開を要求	・規定なし	・規定なし
＊その他 ・製造業のサイトに適用	・組織に適用	・組織に適用

・ISO 14001 は EMAS や BS 7750 に比べて,かなり**緩和された**規格となっている.
　EMAS: Eco-Management and Audit Scheme: 環境管理及び環境監査要綱(EC規則)
　BS 7750: 環境管理システム(イギリス規格)

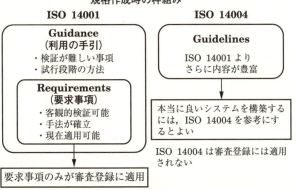

図5　ISO 14001 制定の背景

である．さらに，EMASでは，EMS構築前に，環境初期調査を行うことを義務付けており，EMSを実施した結果を環境声明書（環境報告書）にまとめて一般公開することも要求している．今後の14001の改訂でこれらの内容も徐々に入ってくると考えておいたほうがよい[注12]．

この14001が9001の2000年改訂に大きな影響を与え，9001はQAからQMSに変更されることになった．

14001は2004年に改訂されているが，大きな改訂は行われていない．ISO 14001:2004の概要とISO 14001:2015の詳細解説については「ISOマネジメントシステム強化書　ISO 14001:2015」にて紹介しているので参照願いたい．

08　日本でのISO 14001の認証制度

ISO 14001:1996（第1版）の適用範囲に次のとおりに記述されている．
・この規格は，次の事項を行おうとするどのような組織にも適用できる．
　　a）環境マネジメントシステムを実施し，維持し及び改善する．
　　b）表明した環境方針との適合を保証する．
　　c）この規格との適合を自己決定し，自己宣言する．
　　d）その適合を他者に示す．

この規格は一，二，三者監査に対応しており，自己宣言でもよいとしている．つまり，環境問題に組織が自主的に取り組むことを期待した規格となっている．この点がISO 9001:1994（第2版）とは大きく異なる．

日本では，ISO 14000sが発行されると同時に，JIS Q 14000sが発行され，JABは名称を「日本適合性認定協会」と改め，EMSの認証制度を即座に導入している．なぜこのように動きが早いのかは，1992年に開催された地球サミットの翌年に発行された「環境基本法」に起因している．環境基本法及び関連する法令を 表5 に示す．

環境基本法制定後，政府が発行した第二次環境基本計画に，「政府への環境管理システムの導入を検討」と記述されている．つまり，日本は14001のシステム構築を，国を挙げて推進することにしていたのである．そこで，これを促進す

[注12]　・BS 7750:1994　環境管理システム
　　　　・EMAS:1993　環境管理及び環境監査要綱

表5 環境基本法及び関連法令

法　律	概　要
1993　環境基本法	・**公害対策基本法**（1967）を廃止し，その内容を本基本法に組み入れた ・**基本施策**：①環境基本計画の策定　②環境基準の策定　③環境影響評価の推進　④環境保全上の支障を防止するための経済的処置　⑤製品アセスメントとリサイクルの促進　⑥環境教育の促進　⑦民間団体等の自発的な活動を推進するための措置 ・**環境基本計画**（5年後程度を目途に見直し） 　第二次（2000-12）：長期目標のキーワード（循環，共生，参加，国際的取組み）／**政府への環境管理システムの導入検討** 　第三次（2006-04）：環境の現状と環境施策の展開の方向／今四半世紀における環境施策の具体的な展開／計画の効果的実施 ・**環境基準**：大気汚染／水質汚濁／地下水の水質汚濁／土壌汚染／騒音／ダイオキシン類 　環境基準（強制力なし）→　規制基準　→　社内自主基準（任意）
2000　国等による環境物品等の調達の推進等に関する法律（グリーン購入法）	・改正経緯：2011-02　基本方針一部変更閣議決定 ・**適用対象** ①国及び政令で定める独立行政法人及び特殊法人 ②地方公共団体は努力義務 ③事業者は一般責務 ④**特定調達物品目**（判断基準）：19分類（261品目） 　＊紙類，文具類，オフィス家具類，OA機器，移動電話，家電製品，エアコンディショナ等，温水器等，証明，自動車等，消火器，制服・作業服，インテリア寝装寝具，作業手袋，その他繊維製品，設備，防災備品用品，公共工事，役務（省エネ診断他） ・**なすべきこと** ①国等の義務：基本方針　→　調達方針（**公表**）→　調達実績（**公表**） ②地方公共団体の努力義務：調達方針　→　調達目標　→　調達
2000　循環型社会形成推進基本法	・**適用対象** ①国 ②地方公共団体 ③事業者 ④国民 ・**なすべきこと** ①具体的な義務はなく，**責務**が課せられる ②国の責務：基本計画の策定 ③事業者の責務：循環的利用及び処分 　**優先順位**：①**発生抑制（Reduce）**，②**再使用（Reuse）**，③**再利用（Recycle）**，④**熱回収**，⑤**適正処分**

るには認証制度の採用が効果的と判断したのだった．認証制度を採用すれば，組織が自らシステム構築をし，その実施状況は第三者機関が審査を行い，その審査費用は受審する組織が負担することになり，国にとっては真に好都合な制度と判断されたのである．

この認証制度が導入されると，県や市が率先して14001の認証取得に動き，地域の企業に認証取得を勧め，普及するようになった．さらに，2000年にグリーン購入法が制定され，県や市は環境配慮型の製品を購入し，公共工事は環境を配慮した企業に発注するようになった．県や市は9001も認証取得してくれるとサービスが良くなり，市民にとっては有難いことであるが，9001の取得はなかなか進まなかったのが現状である．

09 簡易版（KES，エコアクション21）による認証制度の発足

ISO 14001の認証取得件数は，2004年に約20,000件となったが，それ以降，取得件数は伸び悩んでいるのが実状であった．その理由は大企業はほとんど認証取得したが，中小企業の取得が伸びなかったことにある．

そのような状況下で2001年に京都府が，KES（京都・環境マネジメントシステム・スタンダード）を制定し，中小企業向けの認証制度を発足させた．各都道府県もKESをモデルにした認証制度を採用し，その普及に努めるようになった．一方，環境省も新エコアクション21を2004年に制定し，中小企業向けの認証制度を発足させた．KESとエコアクション21とは相互認証することができるようになっている．認証取得の費用も14001の認証取得より格段に安いので，14001を認証取得している組織が，簡易版に切り替える動きも出てきている．これらの簡易版と14001の要求項目を比較して，**表6**に示す．

エコアクション21は4つのパート（①環境への負荷の自己チェック，②環境への取組みの自己チェック，③環境経営システム，④環境活動レポート）で構成されている．①と②は初期調査を，④は環境報告書をイメージしている．つまり，先に述べたEC規則であるEMASの考えが盛り込まれていることがわかる．

これらの簡易版は，中小企業向けに制定されていたISO 9003:1994に相当するものである．この9003は，次に述べる2000年改訂で消滅することになる．

09 簡易版（KES，エコアクション21）による認証制度の発足

表6 新エコアクション21:2004とKESとの項目比較

ISO 14001:2004 EMS－要求事項及び利用の手引	新エコアクション21:2004 （環境活動評価プログラム） 環境省	KES（京都・環境マネジメントシステム スタンダード）:2001	
		ステップ1	ステップ2
0. 序文		0. 序文	0. 序文
1. 適用範囲	4つのパート	1.1 適用範囲	2.1 適用範囲
2. 引用規格	①環境への負荷の自己チェック	—	—
3. 用語及び定義	②環境への取組みの自己チェック	1.2 定義	2.2 定義
4. 環境マネジメントシステム要求事項 4.1 一般要求事項 （A.1 初期環境調査）	③環境経営システム（12ヶ） ④環境活動レポート	1.3 要求事項 1.3.1 一般要求事項	2.3 要求事項 2.3.1 一般要求事項
4.2 環境方針	1. 環境方針の作成	1.3.2 環境宣言	2.3.2 環境宣言
4.3 計画 4.3.1 環境側面	2. 環境負荷と環境への取組み状況の把握及び評価	1.3.3 計画	2.3.3 計画 (1) 環境影響項目
4.3.2 法的及びその他の要求事項	3. 環境関連法規制等の取りまとめ	—	(2) 法律その他の規制
4.3.3 目的, 目標及び実施計画	4. 環境目標及び環境活動計画の策定	(1) 環境改善目標	(3) 環境改善目標
	4. 環境目標及び環境活動計画の策定	(2) 環境改善計画	(4) 環境改善計画
4.4 実施及び運用 4.4.1 資源, 役割, 責任及び権限	5. 実施体制の構築	1.3.4 実行	2.3.4 実行 (1) 体制と責任
4.4.2 力量, 教育・訓練及び自覚	6. 教育訓練の実施	—	(2) 教育と訓練
4.4.3 コミュニケーション	7. 環境コミュニケーション	—	(3) 情報の連絡
4.4.4 文書類	11. 環境関連文書及び記録の作成・整理	(1) 文書 (マニュアルのサンプル有り)	(4) 文書体系 (マニュアルのサンプル有り)
4.4.5 文書管理	(11)	—	(5) 文書の管理
4.4.6 運用管理	8. 実施及び運用	(2) 活動	(6) 活動
4.4.7 緊急事態への準備及び対応	9. 環境上の緊急事態への準備及び対応	—	(7) 緊急事態への準備と対応
4.5 点検 4.5.1 監視及び測定 4.5.2 順守評価	10. 取組み状況の確認及び問題点の是正		2.3.5 確認と修正 (1) 確認
4.5.3 不適合/是正/予防処置	10. 取組み状況の確認及び問題点の是正		(2) 修正と予防
4.5.4 記録の管理	11. 環境関連文書及び記録の作成・整理		(3) 記録
4.5.5 内部監査	(10: 可能な場合)	—	(4) 自己評価
4.6 マネジメントレビュー	12. 代表者による全体の評価と見直し	1.3.5 最高責任者による評価	2.3.6 最高責任者による評価
・国際規格 ・一/二/三者監査 ・JABへ登録 ・自己宣言 ・(ISO 19011対応)	・認証・登録制度 ・中央事務局／地域事務局 ・地域版EMSと相互認証 ・審査人の資格認定 ・環境活動レポートの公表	・KES認証事業部による審査登録, 登録リストの公表 ・「審査登録のガイド」有り ・「構築の手引」有り 　Ⅰ 京都・環境マネジメントシステム構築の手順（ステップ1/2） 　Ⅱ 環境影響評価プログラム（評価方法／事例） ・「マニュアルのサンプル」有り（ステップ1/2）	

1章　品質マネジメントシステム　規格の歴史探訪

10　ISO 9001 の大幅改訂（2000 年改訂）

9001，9002，9003 は，2000 年に 9001 に統合され，その内容も QA（品質保証）から QMS（品質マネジメントシステム）規格へと大幅に改訂（第 3 版）された．8402 は 9000 の中に組み込まれ，9000，9001，9004 の 3 つの規格に整理された[注13]．

ここで，9001 に記述されている，顧客，受注企業，受注企業の外注先の呼び方が第 3 版で変更されているので，下記に整理しておく．

> 1987 年版（第 1 版）：顧客 → 供給者 → 下請負契約者
> 1994 年版（第 2 版）：顧客 → 供給者 → 下請負契約者
> 2000 年版（第 3 版）：顧客 → 組織　　→ 供給者

第 1 版及び第 2 版では，顧客が要求する品質保証（QA）規格であるため，受注企業を供給者と表現していた．第 3 版ではこれを組織と表現し，受注企業の外注先を供給者と表現しているので，規格を読むときに注意が必要である．これまでの解説では，規格が適用される組織を供給者と表現してきたが，第 3 版以降の解説では組織と表現する．

これらの新旧規格の目次比較を 表7 に示す．9001 規格の適用範囲の変遷を 表8 に示す．QA から QMS へ変更になった原因は，1996 年に ISO 14001 が環境マネジメントシステム（EMS）として誕生し，これとの両立性を保つためである．

QA と QMS の相違についてまとめたものが，図6 である．ISO 9001：2000（第 3 版）で，主な改訂内容の目玉として取り上げられたのが「継続的改善」と「顧客満足の向上」である．この 2 つを理解するには，「7.2.1　製品に関連する要求事項の明確化」に記載されている内容を分析すればよい．7.2.1 項を要約すると，製品に関する要求事項として，次の 4 つを要求している．

a）顧客の要求事項（−）
b）用途が既知である要求事項（0）

[注13]　・9000：2000　品質マネジメントシステム —— 基本及び用語
　　　　・9001：2000　品質マネジメントシステム —— 要求事項
　　　　・9004：2000　品質マネジメントシステム —— パフォーマンス改善の指針

10 ISO 9001 の大幅改訂（2000 年改訂）

表7　ISO 9000s:1994 と ISO 9001:2008 の目次比較

番号	章題	1994年版 9001	9002	9003	2008年版 9001
4.1	経営者の責任	■	■	○	5 経営者の責任 6 資源の運用管理
4.2	品質システム	■	■	○	4 品質マネジメントシステム 7.1 製品実現の計画
4.3	契約内容の確認	■	■	■	5.2 顧客重視 7.2 顧客関連のプロセス
4.4	設計管理	■	×	×	7.3 設計・開発
4.5	文書及びデータの管理	■	■	■	4.2 文書化に関する要求事項
4.6	購買	■	■	×	7.4 購買
4.7	顧客支給品の管理	■	■	■	7.5.4 顧客の所有物
4.8	製品の識別及びトレーサビリティ	■	■	○	7.5.3 識別及びトレーサビリティ
4.9	工程管理	■	■	×	6.3 インフラストラクチャー 6.4 作業環境 7.5 製造及びサービス提供
4.10	検査・試験	■	■	○	7.1 製品実現の計画 7.4.3 購入製品の検証 8.2.4 製品の監視及び測定
4.11	検査，測定及び試験装置の管理	■	■	■	7.6 監視機器及び測定機器の管理
4.12	検査・試験の状態	■	■	■	7.5.3 識別及びトレーサビリティ
4.13	不適合品の管理	■	■	○	8.3 不適合製品の管理
4.14	是正処置及び予防処置	■	■	○	8.5.2 是正処置 8.5.3 予防処置
4.15	取扱，保管，包装，保存及び引渡し	■	■	■	7.5.1 製造及びサービス提供の管理 7.5.5 製品の保存
4.16	品質記録の管理	■	■	○	4.2.4 記録の管理
4.17	内部品質監査	■	■	○	8.2.2 内部監査 8.2.3 プロセスの監視及び測定
4.18	教育・訓練	■	■	○	6.2.2 力量，教育・訓練及び認識
4.19	付帯サービス	■	■	×	7.5.1 製造及びサービス提供の管理
4.20	統計的手法	■	■	○	8.1 一般 8.2 監視及び測定 8.4 データ分析

（凡例）■：総合的な要求事項
　　　　○：ISO 9001/2:1994 より総合的でない要求事項
　　　　×：存在しない要求事項

表8 ISO 9001 規格の適用範囲の変遷

規　格	適　用　範　囲	備　考
ISO 9001 （1987 年版）	・**外部品質保証**（External Quality Assurance） ・供給者の能力を実証することが，購入者と供給者との**契約**で必要とされる場合に用いる品質システムの要求事項を規定する． ・**不適合を防止する**ことを第一の目的とする．	QA 第一／二者監査
ISO 9001 （1994 年版）	・**外部品質保証**（External Quality Assurance） ・供給者がその能力を実証するため，及び**外部関係者**が供給者の能力を評価するために適した……． ・**不適合を防止する**ことによって**顧客の満足**を得ることを第一のねらいとしている．	QA 第一／二／三者監査
ISO 9001 （2000 年版）	・**品質マネジメントシステム**（Quality Management System）の**要求事項** ・顧客要求事項，規制要求事項及び組織固有の要求事項を満たす組織の能力を，組織自身が**内部**で評価するためにも，**審査登録機関**を含む**外部機関**が評価するためにも使用できる．（0 序文　0.1 一般） ・この規格は，次の二つの事項に該当する組織に対して，品質マネジメントシステムに関する要求事項を規定するものである．（1 適用範囲　1.1 一般） 　a）顧客要求事項及び適用される規制要求事項を満たした製品を一貫して提供する能力をもつことを実証する必要がある場合． 　b）品質マネジメントシステムの**継続的改善**のプロセスを含むシステムの効果的な運用，並びに**顧客要求事項**及び適用される**規制要求事項**への適合の保証を通して，**顧客満足の** 向上 を目指す場合．	QMS の要求事項 第一／二／三者監査
ISO 9001 （2008 年版） 追補改訂	・**品質マネジメントシステム**（Quality Management System）の要求事項 ・この規格は，**製品に適用される顧客要求事項及び法令・規制要求事項**並びに組織固有の要求事項を満たす組織の能力を，組織自身が**内部**で評価するためにも，**認証機関**を含む**外部機関**が評価するためにも使用することができる．（0 序文　0.1 一般） ・この規格は，次の二つの事項に該当する組織に対して，品質マネジメントシステムに関する要求事項について規定する．（1 適用範囲　1.1 一般） 　a）顧客要求事項及び適用される法令・規制要求事項を満たした製品を一貫して提供する能力をもつことを実証する必要がある場合 　b）品質マネジメントシステムの**継続的改善**のプロセスを含むシステムの効果的な適用，並びに顧客要求事項及び適用される法令・規制要求事項への適合の保証を通して，**顧客満足の** 向上 を目指す場合	QMS の要求事項 第一／二／三者監査

（適用範囲の内容は JIS 規格からの引用）

10 ISO 9001 の大幅改訂（2000 年改訂）

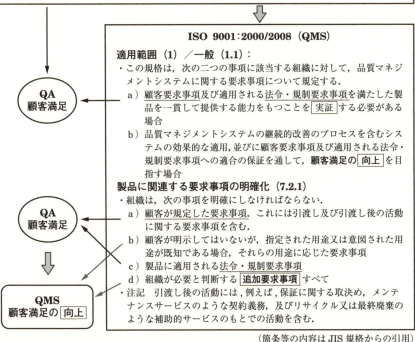

図6　顧客満足から顧客満足の向上へ

　c）法令・規制要求事項（−）
　d）追加要求事項（＋）[注14]

　この中で，a）とc）は，ISO 9001:1994（第2版）でも要求していた．この2つは顧客への品質を保証する最低限の要求（QA）であり，これを満たさなければ，クレームとなるのである．つまり，a）とc）を満たすことが顧客満足と

[注14]　話をわかりやすくするため，a）とc）をマイナス（−）の側面，b）を0点，d）をプラス（＋）の側面と表現した（規格にはない表現である）．

025

称されていた．2000年の改訂では，b) と d) が追加になった．b) は顧客が明示していないが，常識として当然行うべき要求事項を示している．d) は顧客が要求していないが，組織として顧客のためになる追加要求事項を付加することである．つまり，b) と d) を行うことにより，顧客満足の向上を目指すことになった．特に d) を達成するには，組織は新たなシステムの構築が必要となる．この新たなシステムを構築することが，改善であり，これを次々に行うことが継続的改善となるのである．以上述べた QA/QMS 及び EA/EMS の考え方，そして 9001/14001 の適用範囲と監査との関係をまとめて 図7 に示す．

この後，ISO 9000s に使われる用語の定義が見直され，ISO 9000:2005 が発

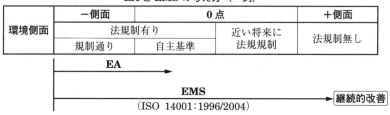

図7 QA/QMS/EMS の考え方（一例）

行されている．9001 は 2008 年に改訂されているが，大幅改訂には至らず，追補改訂として発行された．さらに，9004 が 2009 年に大幅に改訂され，発行されている．

11 継続的改善

　継続的改善という概念は，ISO 14001：1996（第1版）で登場し，その後 ISO 9001：2000 でも登場することになった．継続的改善について，この2つの規格でどのように定義されているのかをまとめたものを　図8　に示す．継続的改善の定義は下記のとおりであり，全く異なるものになっている．

- 9000 ：要求事項を満たす能力を高めるために繰り返し行われる活動．
- 14001：組織の環境方針と整合して全体的な環境パフォーマンスの改善を達成するために環境マネジメントシステムを向上させる繰返しのプロセス．

9000 に記載されている継続的改善はプラスの側面が入っていない．そこで，要求事項の定義を見てみると，9000 では下記のように定義されている．

- 要求事項：明示されている，通常，暗黙のうちに了解されている若しくは義務として要求されている，ニーズ又は期待

　QA のときの要求事項は，明示（顧客要求事項）及び義務（法規制順守）であり，2000 年改訂で QMS になったので，暗黙（用途が既知）が追加になっている．しかし，追加要求事項（プラスの側面）が抜けているので，この定義は QMS になりきっていない．このため，継続的改善の定義が相違している．

　幸いにして，ISO 9001：2000/2008 では，7.2.1 項の d）に追加要求事項が入っているので，QMS になったといえる．組織は，品質方針でこの追加要求事項を具体的に示し，それを品質目標として達成するためにシステムを変更（改善）することが求められている．

　この継続的改善の定義は，2015 年に ISO 14001 の趣旨に合わせた定義に改訂されている．

1章 品質マネジメントシステム 規格の歴史探訪

継続的改善（14001:3.2):2004
- 組織の環境方針と整合して全体的な環境パフォーマンスの改善を達成するために環境マネジメントシステムを向上させる繰り返しのプロセス．
- 参考：このプロセスはすべての活動分野で同時に進める必要はない．

継続的改善（9000:3.2.13):2005
- **要求事項**を満たす能力を高めるために繰り返し行われる活動．
- 注記：改善のための目標を設定し，改善の機会を見出すプロセスは，監査所見及び監査結論の利用，データの分析，マネジメントレビュー又は他の方法を活用した継続的なプロセスであり，一般には是正処置又は予防処置につながる．

不適合（14001:3.15):2004
- 要求事項を満たしていないこと

不適合（9000:3.6.2):2000/2005
- 要求事項を満たしていないこと

不適合の定義が変わった

不適合（8402:2.10):1994
- 規定要求事項を満たしていないこと

製品に関連する要求事項の明確化
（9001:7.2.1):2008
- 次の事項を明確にしなければならない．
  a) 顧客が規定した要求事項
     これには引渡し及び引渡し後の活動に関する要求事項を含む．
  b) 顧客が明示してはいないが，指定された用途又は意図された用途が既知である場合，それらの用途に応じた要求事項
  c) 製品に適用される法令・規制要求事項
  d) 組織が必要と判断する追加要求事項すべて

要求事項（9000:3.1.2):2005
- 明示されている，通常，暗黙のうちに了解されている若しくは**義務**として要求されている，ニーズ又は期待
- 注記1：通常暗黙のうちに了解されているとは，対象となる期待が暗黙のうちに了解されていることが，組織，その顧客及びその他の利害関係者にとって**習慣又は慣行**であることを意味する．
- 注記2：特別の種類の要求事項であることを示すために，修飾語を用いることがある．
  例：**製品**要求事項，**品質マネジメント**要求事項，**顧客**要求事項
- 注記3：**規定**要求事項とは，例えば文書で，明示されている要求事項である．
- 注記4：要求事項は，異なる利害関係者から出されることがある．

0.3 JIS Q 9004 との関係（9001:2008)
- この規格の発行時，ISO 9004 は改正作業中である．
- ISO 9004 の改正版は，経営層に対し，複雑で，過酷な，刻々と変化する環境の中で，組織が持続的成功を達成するための手引を提供する予定である．
- ISO 9004 は，**認証**，**規制**又は**契約**のために使用することを意図したものではない．

有効性（effectiveness)（9000:3.2.14):2005
- 計画した活動が実行され，計画した結果が達成された程度．

効率（efficiency)（9000:3.2.15):2005
- 達成された結果と使用された資源との関係．

継続的改善／不適合／要求事項

（箇条等の内容は JIS 規格からの引用）

図8　継続的改善

12 ISO 9001 と ISO 14001 の同時採用

ISO 9001:1994 の引用規格である ISO 8402:1994 に記載されている製品の定義は「活動又はプロセスの結果」となっており，製品には「意図した製品」と

製品に関する定義

2000/2008 年改訂版	1994 年版
2000 年版 ・プロセスの結果（9000:3.4.2） ・製品という用語は，顧客向けに**意図された製品**又は顧客が要求した製品に限られて使われる．（9001:1.1 参考） **2008 年版**（9001:1.1） ・注記 1：この規格の"製品"という用語は，次の製品に限定して用いられる． 　a）顧客向けに**意図された製品**，又は顧客に要求された製品 　b）製品実現プロセスの結果として生じる，意図したアウトプットすべて	・活動又はプロセスの結果（8402:1.4） ・製品には，**意図したもの**（例えば，顧客への提供物）又は**意図しないもの**（例えば，汚染物又は望まなかった影響）のいずれかがある（8402:1.4 参考 3） ・製品は提供することを**意図した製品**を意味する．環境に影響する意図しない副産物には適用しない．これは，ISO 8402 で規定する定義とは異なる．（9001:3.1 参考 4）

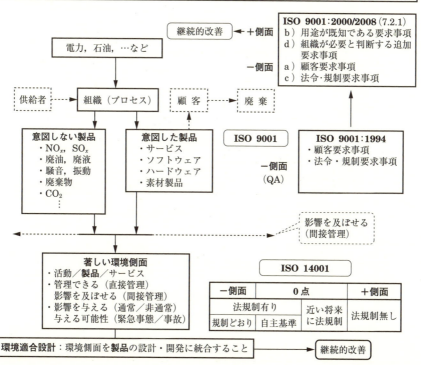

図 9　ISO 9001 と ISO 14001 をつなぐ製品の概念

「意図しない製品」があると記述されている．9001 の製品は意図した製品を意味し，顧客に提供する意図した製品が不適合品とならないためのシステム上の要求事項が記載されている．一方，14001 で取り扱う環境側面は，活動，製品，サー

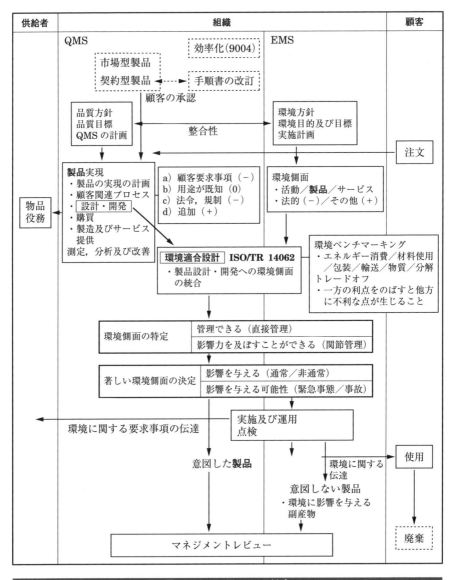

図10　QMS と EMS の統合

ビスの3要素があり，この製品は9001で取り扱う意図した製品も含む．すなわち，環境配慮型の製品が要求されている．14001では意図した製品と意図しない製品（NO_x, SO_x, 廃油，廃液，廃棄物，CO_2 など）の両方を取り扱うことになる．これらの関係を 図9 及び 図10 に示す．

9001と14001の両方を適用している組織は，まず意図した製品を環境配慮型の製品とし，9001の仕組みを通して不適合品を出さないように管理することが重要である．意図しない製品は14001の仕組みを通して環境上の不適合が生じないようにし，さらに改善を行うことが求められている．

環境配慮型の製品を考慮する場合，ISO/TR 14062:2002（環境適合設計）を参考にして設計をするとよい．

13 監査の規格の統合

監査及び審査の基準の制定経緯を 表9 に示す．監査の基準を規定した規格として，ISO 9000s に対しては ISO 10011s が，ISO 14000s に対しては ISO 14010, 14011, 14012 が制定され，各々の監査／審査ではこれらが適用されてきた．しかし，QMS 及び EMS の監査／審査を行う場合，適用対象規格が異なるだけで，監査技法そのものは同じであり，これらの規格の統一が行われ，2002年に ISO 19011（品質及び／又は環境マネジメントシステム監査のための指針）が制定された．

19011 は主として一者監査，二者監査，三者監査に適用される指針だった．しかし，19011には第三者機関の審査に関する手続き（初回審査，サーベイランス，再認証審査など）が記載されていなかったため，これらの手続きを規定した規格として，2006年に ISO/IEC 17021 が制定された．

この17021 では，審査技法については19011 を引用するように記載されていた．認証機関が審査を行う時は，この2つの規格を参照する必要があったが，これでは煩雑であるということで，17021 は19011 を切り離し，単独規格として2011年に改訂された．

一方，19011も QMS と EMS に関する監査の指針からその他の MS（労働安全衛生，食品安全衛生，情報セキュリティなど）にも適用できる規格に2011年に改訂された．

その後，17021 は力量要求事項として，2012年に ISO/IEC TS 17021-2（第2

表9 監査／審査 の基準の制定変遷

第一者監査，第二者監査，第三者監査

品　質	環　境
ISO 10011-1：1990 　品質システムの監査の指針／第1部：監査 ISO 10011-2：1991 　品質システムの監査の指針／第2部：品質システム監査員の資格基準 ISO 10011-3：1991 　品質システムの監査の指針／第1部：監査プログラムの管理	ISO 14010：1996 　環境監査の指針／一般原則 ISO 14011：1996 　環境監査の指針／監査手順／環境マネジメントシステムの監査 ISO 14012：1996 　環境監査の指針／環境監査員のための資格基準
ISO 19011：2002 　品質及び／又は環境マネジメントシステム監査のための指針	
ISO 19011：2011 　マネジメントシステム監査のための指針	

第三者審査

品　質	環　境
ISO/IEC Guide 62：1996 　品質マネジメントシステム（QMS）の審査登録機関に対する一般要求事項	ISO/IEC Guide 66：1999 　環境マネジメントシステム（EMS）の審査登録機関に対する一般要求事項
ISO/IEC 17021：2006 　適合性評価 — マネジメントシステムの審査及び認証を行う機関に対する要求事項 　（ISO 19011：2002 を引用規格とし，本文中で参照することを記述）	
ISO/IEC 17021：2011 　適合性評価 — マネジメントシステムの審査及び認証を行う機関に対する要求事項 　（ISO 19011 に関する参照箇所を削除）	
ISO/IEC TS 17021-3：2013 　第3部：品質マネジメントシステムの審査及び認証に関する力量要求事項	ISO/IEC TS 17021-2：2012 　第2部：環境マネジメントシステムの審査及び認証に関する力量要求事
ISO/IEC 17021-1：2015 　適合性評価−マネジメントシステムの審査及び認証を行う機関に対する要求事項 　　第1部：要求事項	

部：環境マネジメントシステムの審査及び認証に関する力量要求事項）を，2013年にISO/IEC TS 17021-3（第3部：品質マネジメントシステムの審査及び認証に関する力量要求事項）が制定されている．これに伴い，本体の17021は，2015年にISO/IEC TS 17021-1（第1部：要求事項）として改訂されている．この改訂は，章構成に一部入替えがあるのみで，2011年版からの大きな内容の変更はない．

　17021の改訂で，特に注意すべき点を示す．まず，審査の依頼者の定義である．表10 を参照願いたい．ISO 10011：1990では第三者機関による審査の依頼者

13 監査の規格の統合

表10 監査／審査の依頼者

ISO 10011/19011	ISO/IEC 17021
ISO 10011-1:1990 3.4 依頼者（client） ・監査を依頼する個人又は組織 ・備考10 次の場合も依頼者ということができる． 　a) 自分自身の品質システムをある品質システム規格に照らして監査を受けたいと望む者 　b) 自分自身の監査員又は第三者を使って供給者の品質システムを監査したいと欲する顧客 　c) 品質システムが，提供される製品又はサービスに対して適切な管理が行われているかどうかを確認する権限を与えられている独立機関（例えば，食品，薬品，核物質，その他の取締機関） 　d) 被監査組織の品質システムを<u>登録する</u>ために監査を行うことを課せられた<u>独立機関</u>	
ISO 19011:2002 3.6 監査依頼者（audit client） ・監査を要請する組織又は人 ・参考　監査依頼者は，被監査者であってもよく，又は規制上若しくは契約上監査を要請する権利をもつ<u>他の組織</u>であってもよい．	**ISO 9000:2005 3.9.7** （ISO 19011:2002 に同じ） **ISO/IEC 17021:2006** ・引用規格：ISO 9000:2005/ISO 19011:2002
ISO 19011:2011 3.6 監査依頼者（audit client） ・監査を要請する組織又は人． ・注記　内部監査の場合，監査依頼者は，**被監査者**又は監査プログラムの管理者でもあり得る． 　<u>外部監査</u>の要請は，規制当局，契約当事者又は潜在的な顧客からあり得る．	**ISO/IEC 17021:2011 3.5 依頼者（client）** ・認証目的でマネジメントシステムの**審査を受ける組織**

ISO 10011-1:1990　　品質システムの監査の指針
ISO 19011:2002　　　品質及び／又は環境マネジメントシステム監査のための指針
ISO 19011:2011　　　マネジメントシステム監査のガイドライン
ISO/IEC 17021:2006　適合性評価 — マネジメントシステムの審査及び認証を行う機関に対する要求事項
ISO/IEC 17021:2011　同上
ISO 9000:2005　　　品質マネジメントシステム — 基本及び用語

表11 監査員／審査員の力量

力量の定義

ISO 19011:2011	ISO/IEC 17021:2011
19011:2002　3.14 ・実証された 個人的特質 ，並びに知識及び技能を適用するための実証された能力	17021:2006（2引用規格） ・引用規格（9000:2005/19011:2002） 　**ISO 9000:2005　3.1.6** 　・知識及び技能を適用するための実証された能力 　・備考：この規格では，力量の概念を一般的な意味で定義している．他のISO文書では，この用語の使い方がより固有なものとなり得る． 　**ISO 9000:2005　3.9.14** 　・〈監査〉実証された 個人的特質 ，並びに知識及び技能を適用するための実証された能力
ISO 19011:2011　3.17 ・意図した結果を達成するために，知識及び技能を適用する能力． ・注記　能力とは，監査プロセスにおける個人の行動の適切な適用を意味する	17021:2011　3.7 ・意図した結果を達成するために，知識及び技能を適用する能力．

力量：competence　**知識**：knowledge　**技能**：skill　**能力**：ability
個人的特質：personal attributes　**個人の行動**：Personal behaviours

は審査機関となっていた．審査機関の中に，審査を行う部門と審査結果を評価して証明書を発行する部門を設け，顧客に代わって審査を代行するという制度だった．しかし，17021の改訂によって，依頼者は受審組織となった．これでは，受審組織に追従するような審査が行われるのではないかと懸念される．改訂された19011の依頼者の定義は17021とは異なり，審査機関であるともとれる表現になっている．

次に注意すべき点は，監査員／審査員の力量の定義である．**表11** を参照願いたい．もともと力量の定義として，知識，技能及び個人的特質の3つが要求されていた．ジョンソン氏は「知識と技能は誰でも習得できる．しかし，自分が多くの監査員を養成してきたが，20%の人は監査員に向かない人がいる．それは個人的特質の欠如である」と言われていた．審査員／監査員は人を相手にする

表12 個人の行動（個人的特質）

ISO 19011:2011（JIS Q 19011:2012）	ISO/IEC 17021:2011
7.2.2 個人の行動 ・監査員は，箇条4に示す監査の原則に従って行動するために必要な資質を備えていることが望ましい．監査員は，監査活動を実施している間，次の事項を含む専門家としての行動を示すことが望ましい． － **倫理的**である．すなわち，公正である，信用できる，誠実である，正直である，そして分別がある － **心が広い**．すなわち，別の考え方又は視点を進んで考慮する － **外交的**である．すなわち，目的を達成するように人と上手に接する － **観察力**がある．すなわち，物理的な周囲の状況及び活動を積極的に観察する － **知覚が鋭い**．すなわち，状況を認知し，理解できる － **適応性**がある．すなわち，異なる状況に容易に合わせることができる － **粘り強い**．すなわち，根気があり，目的の達成に集中する － **決断力**がある．すなわち，論理的な理由付け及び分析に基づいて，時宜を得た結論に到達することができる － **自立的**である．すなわち，他人と効果的なやりとりをしながらも独立して行動し，役割を果たすことができる － 不屈の精神をもって行動する．すなわち，その行動が，ときには受け入れられず，意見の相違又は対立をもたらすことがあっても，進んで責任をもち，倫理的に行動することができる． － 改善に対して前向きである．すなわち，進んで状況から学び，よりよい監査結果のために努力する － 文化に対して敏感である．すなわち，被監査者の文化を観察し，尊重する － 協働的である．すなわち，監査チームメンバー及び被監査者の要員を含む他人と共に効果的に活動する（collaborative）	**附属書D（参考） 望ましい個人の行動** ・マネジメントシステムの種類を問わず，認証活動にかかわる要員にとって重要な個人の行動の例は，次のとおりである． a）**倫理的**である．すなわち，公正である，信用できる，誠実である，正直である，そして分別がある． b）**心が広い**．すなわち，別の考え方又は視点を進んで考慮する． c）**外交的**である．すなわち，目的を達成するように人と上手に接する． d）**協力的**である，すなわち，他人と効果的なやり取りをする．（collaborative） e）**観察力**がある．すなわち，物理的な周囲の状況及び活動を積極的に意識する． f）**知覚が鋭い**．すなわち，状況を直感的に認知し，理解できる． g）**適応性**がある．すなわち，異なる状況に容易に合わせる． h）**粘り強い**．すなわち，根気があり，目的の達成に集中する． i）**決断力**がある．すなわち，論理的な思考及び分析に基づいて，時宜を得た結論に到達する． j）**自立的**である．すなわち，独立して行動し，役割を果たす． k）**職業人**である．すなわち，仕事場において礼儀正しく，誠実で，総じて職務に適した態度を示している． l）**精神的に強い**．すなわち，その行動が，ときには受け入れられず，意見の相違又は対立を招くことがあっても，進んで責任をもち，倫理的に行動する． m）**計画的**である．すなわち，効果的な時間管理を行い，優先順位を付け，計画を作成し，効率の良さを示す． ・行動の決定は状況次第であり，弱点は特定の状況になって初めて明白になることがある．認証機関は，認証活動に悪影響を及ぼす弱点が発見された場合は，それに対して適切な措置を講じることが望ましい．

ISO 19011:2011の「倫理的～自立的」までが，ISO 19011:2002に 個人的特質 として記載されていた．

個人的特質：personal attributes　個人の行動：Personal behaviours

ので，個人的特質の優れた人が求められるのは当然である．ところが，17021 ではこの個人的特質を削除している．ここでもまた，柔軟性や見識の欠けた審査員が増えるのではないかと懸念される．一方，19011 の改訂版では知識と技能に加えて個人の行動が要求されている．個人の行動とはどのようなものであるのかを 表 12 に示す．従来の個人的特質にさらに項目が追加されている．17021 にも個人の行動の記載はあるが，これは附属書に記述されており，要求事項にはなっていない．

14　マネジメントシステム規格の章構成の統一

「はじめに」で示したとおり，Annex SL（ISO/IEC 専門業務用指針：テキスト並びに共通用語及び中核となる定義）が 2013 年 4 月に発行された．今後作成・改訂される MSS はこの共通テキストに基づいて作成されることになる．Annex SL の概要については付録に示しているので，参照願いたい．

Annex SL に記載されている Appendix 2 と ISO 9001:2008，ISO 14001:2004 の目次を比較して 表 13 に示す．

現在適用されている，ISO 9001:2008 の概要を 2 章にまとめてあるので，現状の規格を再認識して，3 章に示す「ISO 9001:2015 の概要」及び 4 章に示す「2015 年版と 2008 年版の詳細比較」を読んでいただきたい．

表 13　Annex SL と現状の ISO 9001/14001 との目次比較

Annex SL に基づく作業原案		ISO 9001:2008	ISO 14001:2004
1. 適用範囲		1. 適用範囲	1. 適用範囲
2. 引用規格		2. 引用規格	2. 引用規格
3. 用語及び定義		3. 用語及び定義	3. 用語及び定義
3.01 組織	3.12 プロセス	（ISO 9000 による）	（3.1〜3.20）
3.02 利害関係者	3.13 パフォーマンス		
3.03 要求事項	3.14 外部委託する		
3.04 マネジメントシステム	3.15 監視		
3.05 トップマネジメント	3.16 測定		
3.06 有効性	3.17 監査		
3.07 方針	3.18 適合		
3.08 目的	3.19 不適合		
3.09 リスク	3.20 是正処置		
3.10 力量	3.21 継続的改善		
3.11 文書化した情報			

4. 組織の状況 4.1 組織及びその状況の理解 4.2 利害関係者のニーズ及び期待の理解 4.3 xxxマネジメントシステムの適用範囲の決定 4.4 xxxマネジメントシステム	5.2 顧客重視 4.1 一般要求事項 **4. 品質マネジメントシステム**	4.3.1 環境側面 4.3.2 法的及びその他の要求事項 4.1 一般要求事項
5. リーダーシップ 5.1 リーダーシップ及びコミットメント 5.2 方針 5.3 組織の役割，責任及び権限	**5. 経営者の責任** 5.1 経営者のコミットメント 5.3 品質方針 5.5 責任，権限及びコミュニケーション	4.2 環境方針 4.4.1 資源，役割，責任及び権限
6. 計画 6.1 リスク及び機会への取り組み 6.2 xxx目的及びそれを達成するための計画策定	5.4 計画 5.4.1 品質目標 5.4.2 品質マネジメントシステムの計画	4.3 計画 4.3.3 目的，目標及び実施計画
7. 支援 7.1 資源 7.2 力量 7.3 認識 7.4 コミュニケーション 7.5 文書化した情報 7.5.1 一般 7.5.2 作成及び更新 7.5.3 文書化した情報の管理	**6. 資源の運用管理** 6.1 資源の提供 6.3 インフラストラクチャー 6.4 作業環境 7.6 監視機器及び測定機器の管理 6.2 人的資源 6.2.2 力量，教育・訓練及び認識 5.5.3 内部コミュニケーション 4.2 文書化に関する要求事項 4.2.1 一般 4.2.2 品質マニュアル 4.2.3 文書管理 4.2.4 記録の管理	4.4.2 力量，教育訓練及び自覚 4.4.3 コミュニケーション 4.4.4 文書類 4.4.5 文書管理 4.5.4 記録の管理
8. 運用 8.1 運用の計画及び管理	**7. 製品実現** 7.1 製品実現の計画 7.2 顧客関連のプロセス 7.3 設計・開発 7.4 購買 7.5 製造及びサービス提供	4.4 実施及び運用 4.4.6 運用管理 4.4.7 緊急事態への準備及び対応
9. パフォーマンス評価 9.1 監視，測定，分析及び評価 9.2 内部監査 9.3 マネジメントレビュー	**8. 測定，分析及び改善** 8.2 監視及び測定 8.2.1 顧客満足 8.2.3 プロセスの監視及び測定 8.2.4 製品の監視及び測定 8.4 データの分析 8.2.2 内部監査 5.6 マネジメントレビュー	4.5 点検 4.5.1 監視及び測定 4.5.2 順守評価 4.5.5 内部監査 4.6 マネジメントレビュー
10. 改善 10.1 不適合及び是正処置 10.2 継続的改善	**8. 測定，分析及び改善** 8.3 不適合製品の管理 8.5.2 是正処置 8.5.1 継続的改善 8.5.3 予防処置	4.5.3 不適合並びに是正処置及び予防処置

ISO 9001:2008
(JIS Q 9001:2008)
の再認識

2章

2章 ISO 9001:2008（JIS Q 9001:2008）の再認識

01 はじめに

　ISO 9001 は，2015 年に大幅に改訂された．この改訂規格の解説に入る前に，ISO 9001:2008 の重要な内容を整理して解説する．改訂規格を正しく理解するためには，2008 年版の理解が重要なので，本章をよく読んでいただきたい．なお，

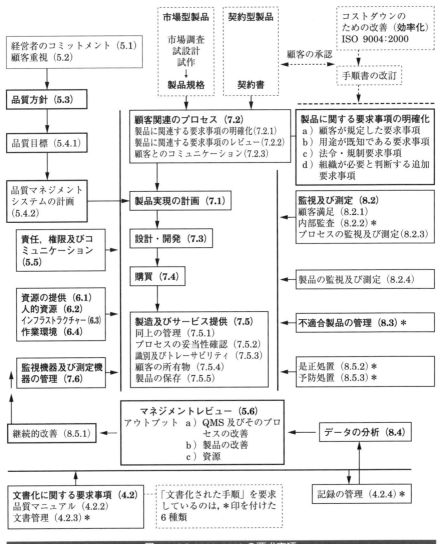

図1　ISO 9001:2008 の要求事項

01 はじめに

理解の幅を広げるために，必要に応じて ISO 14001:2004 をクロスリファレンス（相互参照）しながら解説する．ISO 9001:2008 の要求項目を図式したものを 図1 に，ISO 14001:2004 の要求項目を図式したものを 図2 に示す．2つの図は同じ形式にまとめているので，MSS（マネジメントシステム規格）の流れを比較しながら参照していただきたい．

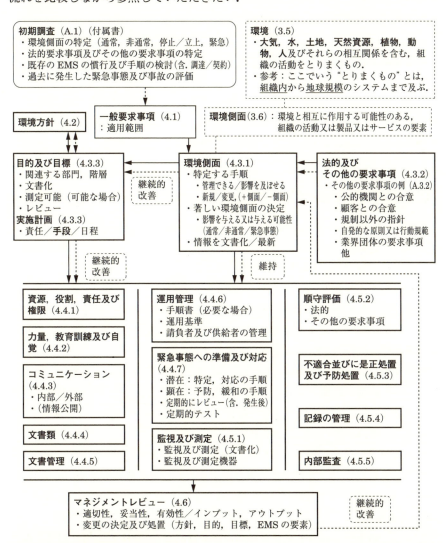

図2　ISO 14001:2004 の要求項目（参考）

02　ISO 9001：2008 の要求項目

図1 に沿って ISO 9001：2008 の大きな流れを見ていく．上段の点線で囲んだ項目は 9001 の適用範囲外を示し，中断の左側は準備段階，中央は実行段階，右側は評価段階，下段はシステム全体の有効性の評価（マネジメントレビュー）及び文書化に関する要求（含む記録）を示している．

1 章の 10 節で述べたとおり，「組織が必要と判断する追加要求事項（7.2.1d）」として組織が何を掲げるかが重要である．この追加要求事項は，品質方針（5.3）としてトップが定め，品質目標（5.4.1），品質マネジメントシステムの計画（5.4.2）へと展開され，個別製品の実現の計画へつながって行くことになる．この追加要求事項の例としては，安全性の強化，より使いやすい製品，環境配慮型の製品などが考えられるが，企業戦略と合わせて考慮する必要がある．

03　ISO 9001 の適用範囲

9001 は製造実績がある製品で，その製品を製造するための品質マネジメントシステム（QMS）が確立している組織に適用される．したがって，製造実績のない新製品開発段階は 9001 の適用範囲外となる．

上段に示す市場型製品の場合，「市場調査 → 試設計 → 試作 → 製品規格」までの新製品開発段階は 9001 の適用範囲外として組織が自由に開発活動をすればよい．新製品規格が定まった時点で，この新製品規格が"箇条 7.2.1"に相当すると考えて，既存のシステム変更を考慮しながら運用する．ところが，この新製品開発を 9001 の適用範囲内に含めて，「試設計」を"7.3 設計・開発"の箇条で行っている組織が意外と多い．これは，設計・開発（Design and Development）の Development を開発と誤訳した弊害である．この件については，**本章の 11 節**で詳しく解説しているので参照願いたい．

契約型製品の場合は顧客の契約書が確定した段階から，9001 の適用範囲に含めて活動すればよい．顧客が契約書を確定する前に研究開発要素がある場合は，9001 の適用範囲外で，自由に研究開発を行い，仕様書の内容が確定してから，9001 を適用する．

さらに，効率化やコストダウンのための業務改善も 9001 の適用範囲外で自由に行い，手順書が改正されれば 9001 の適用範囲に含まれることになる．ただし，

手順書を改訂する時は，顧客の了解を得る必要性の有無を検討しておくことが重要である．

以上に示した9001の適用範囲外は，9004の領域である．9001の適用に当たっては9004との区別を明確にすることが重要である．9004については，**本章の18節**で解説している．

04 製品の定義

ISO 9001：1987（初版）は，製造業の契約型製品を対象として生まれたものであるが，この規格がサービス産業にも適用されるようになった．そこで，ISO 9001：2000（第3版）ではサービス産業への適用を考慮して改訂され，これがISO 9001：2008にも引き継がれている．したがって，製造業にとっては使いにくい規格になっており，サービス産業にとってもわかりにくい中途半端な規格となっているといえる．

ISO 9000：2005に記述されている「製品」の定義は 表1 のとおりである．つまり，9001に記載されている製品は①サービス，②ソフトウェア，③ハード

表1 製品の定義

製品（JIS Q 9000：2006 3.4.2 より抜粋）
・プロセスの結果．
・次に示す**四つ**の一般的な製品分類がある．

製　品	説　明	例
1）サービス	サービスは，供給者及び顧客との間のインタフェースで実行される，少なくとも一つの活動の結果であり，一般的には<u>無形</u>である．	輸送
2）ソフトウェア	ソフトウェアは，情報で構成され，一般に無形であり，アプローチ，処理又は手順の形をとり得る．	コンピュータプログラム，辞書
3）ハードウェア	ハードウェアは，一般に<u>有形</u>で，その量は数えることができる特性である．	エンジン機械部品
4）**素材製品**	素材製品は，一般に有形で，その量は連続的な特性である．	潤滑剤

・多くの製品は，異なる一般的な製品分類に属する要素からなる．
・製品をサービス，ソフトウェア，ハードウェア又は素材製品のいずれで呼ぶかは，その製品の支配的な要素で決まる．
・例えば，提供製品である"自動車"は，**ハードウェア**（例：タイヤ），**素材製品**（例：燃料，冷却液），**ソフトウェア**（例：エンジンコントロール・ソフトウェア，運転者用マニュアル）及び**サービス**（例：セールスマンの操作説明）から成り立っている．

ウェア，④素材製品の4種類である．9001ではこれらをすべて製品と表現している．しかし，この表現には無理が生じたため，例えば，箇条7.5では「製品及びサービス提供」と2つを分けて表現している箇所もある．サービス産業の組織がこの規格を適用する場合は，まずこの規格が製造業にどのように適用されるのかを理解したうえで，サービス産業にどのように適用するのかを検討した方が

表2 設計事務所への ISO 9001 の適用の一例

～ 設計事務所の場合，製品を「建築物」として，システム構築が可能だろうか？ ～

右記の2ケースで検討	製品	建築物	設計図
	顧客	施工主	設計発注者
4　品質マネジメントシステム		△	○
5　経営者の責任		?　（建築物の受注者）	○
6　資源の運用管理		△	○
7　製品実現		−	−
7.1　製品実現の計画		?　（建築物実現の計画）	○　（7.3 を適用）
7.2　顧客関連のプロセス		?　（施工主とのコンタクト）	○
7.3　設計・開発		−	−　（設計図を実現する計画の作成）
7.3.1　設計・開発の計画		○	○
7.3.2　設計・開発へのインプット		○	○
7.3.3　設計・開発からのアウトプット		○	○
7.3.4　設計・開発のレビュー		○　（関連する部門）	○
7.3.5　設計・開発の検証		○	○
7.3.6　設計・開発の妥当性確認		○　（建築物完成後）	○
7.3.7　設計・開発の変更管理		○	○
7.4　購買		除外	○　（設計関連の備品の購入）
7.5　製造及びサービス提供		−	−
7.5.1　製造及びサービス提供の管理		除外	○　（設計行為をここで管理）
7.5.2　製造及び～ プロセスの妥当性確認		除外	○　（構造解析式，プログラムソフトの妥当性等）
7.5.3　識別及びトレーサビリティ		除外	○　（設計図の識別及びトレーサビリティ）
7.5.4　顧客の所有物		除外	○　（解析式，プログラムソフト，設計データ等）
7.5.5　製品の保存		除外	○　（設計図の保存）
7.6　監視機器及び測定機器の管理		除外	除外？
8　測定，分析及び改善		−	−
8.1　一般		?	○
8.2　監視及び測定		−	−
8.2.1　顧客満足		?　（施工主の満足）	○　（設計発注者の満足）
8.2.2　内部監査		?	○
8.2.3　プロセスの監視及び測定		△	○
8.2.4　製品の監視及び測定		?	○　（設計図の検査等）
8.3　不適合製品の管理		?	○　（設計図の不適合）
8.4　データの分析		△	○
8.5　改善		△	○

注）○：全体システムの構築が可能．
　　△：全体システムの中で，設計部門としてのシステムの構築となる．
　　?：システム構築が難しい．
　　（適用除外可能なのは7章のみなので，その他の章のシステム構築が難しい．）

わかりやすいだろう．

なお，ソフトウェアを提供する業種では，最終製品の途中段階の製品を提供する場合が多い．例えば，設計事務所へこの規格を適用した例を 表2 に示す．設計事務所へ9001を適用する場合，次の2つのケースが想定される．

1) 製品は建築物で顧客は施工主
2) 製品は設計図で顧客は設計発注者

1)のケースでこの規格を適用するには資料に ? マークで示したとおり，適用不可能な箇条が多数生じる．したがって，この規格の適用は2)で行うべきである．つまり，9001を適用するには，製品が何であり，その顧客は誰（必ずしもエンドユーザとは限らない）であるのかを明確にすることが重要である．

05 品質方針 (5.3)

審査時に，「品質方針を見せてください」と依頼すると，品質マニュアルに記載されている品質方針が提示されることがよくある．品質方針は品質マニュアルに記載しなければならないのだろうか．

ここで， 表3 を見ていただきたい．ISO 8402:1994（第2版）に記載されている品質マニュアルの定義は，「品質方針を述べ，組織の品質システムを記述した文書」となっている．つまり，ISO 9001:1994（第2版）では，品質マニュアルに品質方針を記述することを要求していたのである．さらに品質方針の定義は，「最高経営者によって公式に表明された品質に関する組織の全般的な意図及び指示」となっており，この品質方針は，組織の品質に関する経営理念に相当するものとなる．

ところが，ISO 9000:2005に記載されている品質マニュアルの定義は「組織の品質マネジメントシステムを規定する文書」となっており，品質方針の記述が削除されている．さらに，ISO 9001:2008の一般（4.2.1）をみると品質方針と品質マニュアルとは別の文書であることがわかる．

ISO 9001:2008の品質方針（5.3）では，下記のとおりに記載されている．

トップマネジメントは，**品質方針**について，次の事項を確実にしなければならない．

a) 組織の**目的**（purpose）に対して適切である．
b) 要求事項への適合及び品質マネジメントシステムの有効性の継続的な改

表3　品質方針と品質目標

ISO 9001:2008（JIS Q 9001:2008）	ISO 9001:1994（JIS Z 9901:1998）
経営者のコミットメント（5.1） ・ トップマネジメント は，品質マネジメントシステムの構築及び実施，並びにその有効性を継続的に改善することに対するコミットメントの証拠を，次の事項によって示さなければならない． 　a）法令・規制要求事項を満たすことは当然のこととして，顧客要求事項を満たすことの重要性を組織内に周知する． 　b）**品質方針**を設定する． 　c）**品質目標**（objectives）が設定されることを確実にする． 　d）マネジメントレビューを実施する． 　e）資源が使用できることを確実にする．	**品質方針（4.1.1）** ・ 執行責任をもつ供給側の経営者 (The supplier's management with executive responsible) は，**品質方針**を定め，文書にすること． ・ **品質方針**には，品質に関する**目標**（objectives）及び品質に対する 経営者 の **責務**（commitment）を含むこと． ・ 品質方針は供給者の組織の **到達目標**（goals）及び顧客の期待・ニーズに対応するものであること． ・ 供給者はこの方針が組織のすべての階層によって理解され，実行され，維持されることを確実にすること．
品質方針（5.3） ・ トップマネジメント は，品質方針について，次の事項を確実にしなければならない． 　a）組織の 目的 （purpose）に対して適切である． 　b）要求事項への適合及び品質マネジメントシステムの有効性の継続的な改善に対するコミットメントを含む． 　c）**品質目標**（objectives）の設定及びレビューのための枠組みを与える． 　d）組織全体に伝達され，理解される． 　e）適切性の持続のためにレビューされる．	**定　義** 品質方針（8402:1994／3.1） ・ 最高経営者によって公式に表明された品質に関する組織の全般的は意図及び指示 品質マニュアル（8402:1994／3.12） ・ **品質方針**を述べ，組織の **QS** を記述した文書． 品質システム（**QS**）（8402:1994／3.6） ・ 品質管理を実施するために必要となる組織構造，手順，プロセス及び経営資源
一般（4.2.1） ・ 品質マネジメントシステムの文書には，次の事項を含めなければならない． 　a）文書化した，**品質方針**及び**品質目標**の表明 　b）**品質マニュアル** 　c）この規格が要求する"文書化された手順"及び記録 　d）組織内のプロセスの効果的な計画，運用及び管理を確実に実施するために，組織が必要と決定した記録を含む文書 定義：品質マニュアル（9000:2005） ・ 組織の品質マネジメントシステムを規定する文書	1994年度版と2008年度版の**品質方針**は同じだろうか？ 2008年度版では，**品質方針**を品質マニュアルに書かなければならないだろうか？

善に対するコミットメントを含む．
c) **品質目標**（objectives）の設定及びレビューのための枠組みを与える．
d) 組織全体に伝達され，理解される．
e) 適切性の持続のためにレビューされる．

上記のa) 項に記載されている「組織の**目的**（purpose）」がISO 9001:1994の品質方針に相当するものと考えられる．したがって，2008年版では，品質マニュアルにはトップマネジメントの品質に関する経営理念を記述し，それとは別に，c) 項に記載されているように具体的な品質目標が設定できる品質方針が要求されている．このことは2008年版の経営者のコミットメント（5.1）をみても明らかである．

06　品質目標（5.4.1）

品質方針を受けて，品質目標を設定することになるが，この品質目標はISO 9001:1994では要求項目には記述されておらず，ISO 9001:2000で初めて記載された要求項目である．品質目標が新しく記載された理由は，**1章**で述べたとおり，ISO 14001:1996の制定の影響を受け，9001がQAからQMSに生まれ変わったためである．そこでこの品質目標を理解するためには，環境目的及び目標の考え方を理解しておく必要がある．

この両者の要求事項を比較してまとめたものを　図3　に示す．ここで，目的及び目標に関する英語の日本語訳が相違しているので注意をしていただきたい．

　　品質目標（quality objective）

　　環境目的（environmental objective）　環境目標（environmental target）

まずEMS（環境）に関する考え方を説明後，QMS（品質）を解説する．EMSでは，著しい環境側面の抽出が終わると，これらの中から何を継続的改善の項目として目的及び目標に取り上げるのかを，環境方針で示すことになる．目的及び目標は，関連する部門階層で設定し，実施計画に織り込まれ，システムの中で運用することが要求されている．この「関連する部門及び階層で設定」とは具体的に何をすればよいのだろうか．審査の際，現場の作業者に「あなたの環境目標は何ですか」と聞くと，カードや張り紙が示され，「節電25%です」という答えがよく返ってくる．カードや張り紙で作業者に周知させることを意味しているのだろうか．

ここで，　図4　を参照願いたい．

品質目標には，製品及びシステム（プロセス）に関するものがある．

JIS Q 9001:2008	JIS Q 9000:2006
5.3　品質方針 　c）品質目標の設定及びレビューのための枠組みを与える． 5.4.1　品質目標 ・トップマネジメントは，組織内のしかるべき部門及び階層で，製品要求事項を満たすために必要なものを含む品質目標が設定されていることを確実にしなければならない．品質目標は，その達成度が判定可能で，品質方針との整合性がとれていなければならない．（品質目標：quality objective） 6.2.2　力量，教育・訓練及び認識 　d）組織の要員が，自らの活動のもつ意味と重要性を認識し，品質目標の達成に向けて自らがどのように貢献できるかを認識することを確実にする． 5.6.3　マネジメントレビューからのアウトプット 　a）QMS 及びその プロセス の有効性の改善 　b）顧客要求事項にかかわる，製品 の改善 　c）資源の必要性	3.2.5　品質目標（quality objective） ・品質に関して，追求し，目指すもの． ・注記1．品質目標は，通常，組織の品質方針に基づいている． ・注記2．品質目標は，通常，組織内の関係する部門及び階層で規定される． 3.1.1　品質（quality） ・本来備わっている特性の集まりが，要求事項を満たす程度． ・注記1．用語"品質"は悪い，良い，優れたなどの形容詞とともに使われることがある． ・注記2．"本来備わっている"とは，"付与された"とは異なり，そのものが存在している限り，もっている特性を意味する． 3.5.2　品質特性（quality characteristic） ・要求事項に関連する，製品，プロセス 又は システム に本来備わっている特性． ・注記1．"本来備わっている"とは，そのものが存在している限り，もっている特性を意味する． ・注記2．製品，プロセス又はシステムに付与された特性（例　製品の価格，製品の所有者）は，その製品，プロセス又はシステムの品質特性ではない．

環境目的／目標には，OPI と MPI がある．

JIS Q 14001:2004	JIS Q 14031:2000
4.2　環境方針 　d）環境目的及び目標の設定及びレビューのための枠組みを与える． 4.3.3　目的，目標及び実施計画 ・組織は，組織内の関連する部門及び階層で，文書化された環境目的及び目標を設定し，実施し，維持すること． ・…… ・目的及び目標は，……環境方針に整合していること． ・組織は，その目的及び目標を達成するための実施計画を策定し，実施し，維持すること． ・実施計画は次の事項を含むこと． 　a）組織の関連する部門及び階層における，目的及び目標を達成するための責任の明示 　b）目的及び目標達成のための 手段 及び日程，	2.6　環境目的（environmental objective） ・環境方針から生じる全般的な環境の到達点で，組織が自ら達成するように設定し，可能な場合には定量化されるもの． 3.10　環境目標（environmental target） ・環境目的から導かれ，その目的を達成するために目的に合わせて設定される詳細なパフォーマンスの要求事項で，実施可能な場合に定量化され，組織又はその一部に適用されるもの． 2.10　環境パフォーマンス指標（EPI） ・組織の環境パフォーマンスについての情報を提供する特定の表現 　　EPI：Environmental Performance Indicator 2.10.1　マネジメントパフォーマンス指標 MPI ・組織の環境パフォーマンスに影響を及ぼす，様々な経営取組みについての情報を提供する，環境パフォーマンス指標 　　MPI：Management Performance Indicator 2.10.2　操業パフォーマンス指標 OPI ・組織の操業における環境パフォーマンスについての情報を提供する，環境パフォーマンス指標 　　OPI：Operational Performance Indicator

図3　品質目標と環境目的／目標

06 品質目標（5.4.1）

JIS Q 14001:2004
4.2 環境方針
　d）環境目的及び目標の設定及びレビューのための枠組みを与える．
4.3.3 目的，目標及び実施計画
・組織は，組織内の関連する部門及び階層で，文書化された環境目的及び目標を設定し，実施し，維持すること．
……
・目的及び目標は，……環境方針に整合していること．
・組織は，その目的及び目標を達成するための実施計画を策定し，実施し，維持すること．
・実施計画は次の事項を含むこと．
　a）組織の関連する部門及び階層における，目的及び目標を達成するための責任の明示
　b）目的及び目標達成のための手段及び日程，

JIS Q 14031:2000
2.6 環境目的（environmental objective）
・環境方針から生じる全般的な環境の到達点で，組織が自ら達成するように設定し，可能な場合には定量化されるもの．
3.10 環境目標（environmental target）
・環境目的から導かれ，その目的を達成するために目的に合わせて設定される詳細なパフォーマンスの要求事項で，実施可能な場合に定量化され，組織又はその一部に適用されるもの．
2.10 環境パフォーマンス指標（EPI）
・組織の環境パフォーマンスについての情報を提供する特定の表現
EPI：Environmental Performance Indicator
2.10.1 マネジメントパフォーマンス指標 MPI
・組織の環境パフォーマンスに影響を及ぼす，様々な経営取組みについての情報を提供する，環境パフォーマンス指標
MPI：Management Performance Indicator
2.10.2 操業パフォーマンス指標 OPI
・組織の操業における環境パフォーマンスについての情報を提供する，環境パフォーマンス指標
OPI：Operational Performance Indicator

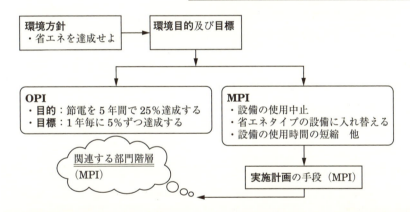

図4　環境目的／目標には，OPI と MPI がある

　目的（objective）は方針から生じる到達点で，目標は目的を達成するための詳細なパフォーマンス要求事項である．環境目標を設定するには，環境パフォーマンス指標（EPI）の設定が必要である．この環境パフォーマンス指標については，ISO 14031:1999[注] によれば，**OPI**（操業パフォーマンス指標）と **MPI**（マ

[注]　14031:1999　環境マネジメント・環境パフォーマンス評価・指針

ネジメントパフォーマンス指標）があると記載されている．例えば，節電25％と設定した場合，25％がOPIとなる．MPIは，OPIを達成するための手段を意味する．つまり，設備の使用中止，省エネタイプの設備に入れ替える，設備の使用時間の短縮などの手段である．MPIを先に検討して，OPIが決まることになる．したがって，関連する部門階層に展開するのはMPIということになる．現場の作業者にインタビューした場合，「私の環境目標は，本年度末までにこの装置を省エネタイプの装置に入れ替えることです」「私は昼休みに電気を消すことを徹底するように指示されていますので，これを完遂することが環境目標です」などの答えを期待しているのである．

日本では，OPIを先に宣言して，実行しながらMPIを検討する習慣がある．ISOでは先にMPIを十分に検討してOPIを設定して計画どおりに実行することが要求されている．14001の4.3.3項の実施計画に記載されている「目的及び目標達成のための**手段**」とはMPIのことを示している．

上記のOPI及びMPIの考え方をQMSに当てはめると下記のとおりとなる．

> OPI：製品の改善が達成されたか
> MPI：それを達成するためのシステム及びプロセスが機能したか

例えば，トップマネジメントが「製品の安全率を顧客の要求値より一割以上アップし，より安全性の高い製品を提供する」と品質方針に示したとする．この場合，OPIは製品の安全率が一割以上アップしたかということであり，MPIはそれを達成するために変更したシステム及びプロセスがうまく機能したかということである．

2008年版でも品質目標は「しかるべき部門及び階層で設定」と記述されており，上記のEMSと同じである（ここでもrelevant functionをEMSでは関連する部門及び階層と訳し，QMSではしかるべき部門及び階層と訳している．このように各規格で同じ英語の訳が異なっているので注意をしていただきたい）．すなわち，しかるべき部門及び階層に展開するのはMPIである．例えば，設計部門の品質目標は安全率一割以上の製品設計を確実に行うことであり，各部門ではこの設計変更を確実に各部門の作業（システム及びプロセス）に反映することである．

この品質目標の達成結果は，次に示すとおりマネジメントレビューのアウトプットで評価することになる．

マネジメントレビューからのアウトプット（5.6.3）では，下記のとおりに記述されていいる．
 a）QMS及びそのプロセスの有効性の改善
 b）顧客要求事項にかかわる，製品の改善
 c）資源の必要性

マネジメントレビューでは，a）でMPIを，b）でOPIを，c）でそのための資源の必要性を評価することになっている．

なお，QMS及びEMSではobjectiveをともに要求しているが，QMSにはtargetが要求されていない．QMSでも，長期的な品質目標や大掛かりの品質目標を設定した場合はtargetを設けて，段階的に改善していくことも必要である．

07　QMSの計画（5.4.2）

品質目標が設定されると，これを達成するためのQMSの計画を作成することになる．ここで，表4 を参照いただきたい．ここでも，**objective** の訳がQMSとEMSで相違しているので，6節の説明を考慮しながら読み進めていただきたい．6節で示したOPIを達成するために設定したMPIを実施するためのQMSの計画を各部門で作成することになる．つまり，MPIを実施するためには現行システムの変更が必要になる．この変更を現行システムとうまく調和して計画することを要求しているのが，箇条5.4.2a）項である．このようにして品質目標を次々に達成していくことが継続的改善である．この品質目標が達成され，次の新しい品質目標を設定する時，これまでの改善活動をやめることなく維持しながら次の改善に移行することが重要である．このことを要求しているのが，箇条5.4.2b）項である．b）項に示す「完全に整っている状態（**integrity**）」とは，「達成した品質目標を維持しながら次の新しい品質目標に取り組むこと」と解釈すればよい．

このQMSの計画はEMSの実施計画に相当する．EMSでは実施計画に「責任，**手段**，日程」の3つを含めることを要求している．この「**手段**」がMPIである．QMSの計画にもこの3つを含めておくことが重要である．

表4　QMSの計画とEMSの実施計画

JIS Q 9001:2008	JIS Q 14001:2004
品質目標（5.4.1） Quality objectives ・トップマネジメントは，組織内のしかるべき部門及び階層で，製品要求事項を満たすために必要なものを含む**品質目標**［7.1a参照］が設定されていることを確実にしなければならない． ・**品質目標**は，その達成度が判定可能で，**品質方針**との整合がとれていなければならない． 「Objectives」と「targets」の日本語訳に注意	**目的，目標及び実施計画（4.3.3）** Objectives, targets and programme(s) ・組織は，組織内の関連する部門及び階層で，文書化された環境**目的**及び**目標**を設定し，実施し，維持すること． ・**目的**及び**目標**は，実施できる場合には測定可能であること． そして，汚染の予防，適用可能な法的要求事項及び組織が同意するその他の要求事項の順守並びに継続的改善に関するコミットメントを含めて，**環境方針**に整合していること． ・その**目的**及び**目標**を設定しレビューするにあたって，組織は，法的要求事項及び組織が同意するその他の要求事項並びに著しい環境側面を考慮に入れること． ・また，技術上の選択肢，財務上，運用上及び事業上の要求事項，並びに利害関係者の見解も考慮すること．
品質マネジメントシステムの計画（5.4.2） Quality management system planning ・トップマネジメントは，次の事項を確実にしなければならない． 　a）**品質目標**に加えて 4.1 に規定する要求事項を満たすために，**品質マネジメントシステム**の計画を策定する． 　b）品質マネジメントシステムの変更を計画し，実施する場合には，品質マネジメントシステムを"完全に整っている状態"（integrity）に維持する． 「integrity」とは，何だろうか？	・組織は，その目的及び目標を達成するための**実施計画**を策定し，実施し，維持すること． **実施計画**は次の事項を含むこと． 　a）組織の関連する部門及び階層における，目的及び目標を達成するための**責任**の明示 　b）目的及び目標達成のための**手段**及び**日程** 手段を決めていますか？

08　品質マニュアル（4.2.2）

表5 を用いて，品質マニュアル作成の目的を考察する．品質マニュアルに関する要求内容が，ISO 9001:1994（QA）と ISO 9001:2008（QMS）では大きく相違している．

08 品質マニュアル (4.2.2)

表5 品質マニュアル作成の目的は

JIS Q 9001:2008／JIS Q 9000:2006	ISO 9001:1994／ISO 8402:1994
文書化に関する要求事項（4.2）／一般（4.2.1） ・品質マネジメントシステムの文書には，次の事項を含めなければならない． 　a）文書化した，**品質方針**及び**品質目標**の表明 　b）**品質マニュアル** 　c）この規格が要求する"文書化された手順"及び記録 　d）組織内のプロセスの効果的な計画，運用及び管理を確実に実施するために，組織が必要と決定した記録を含む文書 **品質マニュアル（4.2.2）** ・組織は，次の事項を含む**品質マニュアル**を作成し，維持しなければならない． 　a）品質マネジメントシステムの適用範囲．除外がある場合には，除外の詳細，及び除外を正当とする理由（1.2参照） 　b）品質マネジメントシステムについて確立された"文書化された手順"又はそれらを<u>参照できる情報</u> 　c）品質マネジメントシステムの**プロセス間**の相互関係に関する記述 **定　義** **品質マニュアル（9000:2006／3.7.4）** ・組織の **QMS** を規定する文書． ・注記：個々の組織の規模及び複雑さに応じて，品質マニュアルの詳細及び書式は<u>変わり得る</u>． 　・品質マニュアル作成の目的は何だろうか？ 　・品質マニュアルに**品質方針**を書くべきだろうか？ 参考：文書類（14001:2004／4.4.4）（付属書：A.4.4） ・<u>それはマニュアルの形である必要はない．</u>	**品質システム：一般（4.2.1）** ・この規格の要求事項をカバーする**品質マニュアル**を作成すること． ・品質マニュアルには品質システムの手順を含めるか，又はその手順を引用し，品質システムで使用する<u>文書の体系</u>の概要を記述すること． ・参考6：品質マニュアルについての指針は，ISO 10013 に示されている． **定　義** **品質マニュアル（8402:1994／3.12）** ・**品質方針**を述べ，組織の **QS** を記述した文書． ・参考1：**品質マニュアル**は組織の活動全般に関するものであるか，又はその<u>一部</u>のみに関するものである．マニュアルの題名及び適用範囲で適用分野が反映される． ・参考2：**品質マニュアル**は，通常は少なくとも次の事項を含むか又は引用している． 　a）**品質方針** 　b）品質に影響する作業を管理，実施，検証又はレビューする要員の<u>責任，権限</u>及び<u>相互関係</u> 　c）QS，手順及び指示 　d）マニュアルの見直し，改定，管理に関する記述 ・参考3：**品質マニュアル**は，組織のニーズに合わせて詳しさ及び書式が<u>変わり得る</u>．品質マニュアルが <u>2冊以上</u> の文書で構成されることもある．品質マニュアルの適用範囲に応じて，例えば "**品質保証マニュアル**"，"**品質管理マニュアル**" と修飾語を用いることがある． **品質システム（QS）（8402:1994／3.6）** ・品質管理を実施するために必要となる<u>組織構造，手順，プロセス及び経営資源</u> ・参考1：QS は品質目標を満たすのに必要な程度に包括的であることが望ましい． ・参考2：組織の QS は組織内部の<u>経営上のニーズ</u>を満たすことを主眼として設計される．それは QS の関連該当部分のみしか評価しない**ある特定の顧客の要求事項**よりも<u>広範囲</u>である． ・参考3：契約上又は強制的な品質評価の目的のために，QS のある特定の要素を実施して入ることの 実証 を要求されることがある．

品質マニュアルの定義（ISO 8402:1994 3.12 参考）に「品質マニュアルは，組織のニーズに合わせて詳しさ及び書式が変わり得る．品質マニュアルが2冊以上の文書で構成されることもある．品質マニュアルの適用範囲に応じて，例えば"品質保証マニュアル"，"品質管理マニュアル"と修飾語を用いることがある」と記述されている．品質保証マニュアルは顧客に見せるものであり，品質管理マニュアルは実際の仕事に用いるものである．この品質保証マニュアルがISO 9001:1994の品質マニュアルである．この品質マニュアルに品質方針の記載が要求されているが，これは品質に関する経営理念を意味していた．ISO 9001:1994は契約型製品を対象とした規格であり，顧客が発注先の品質マニュアルを事前に確認して，発注可否の検討資料としたのである．ところが先に述べたとおり，市場型製品もこの規格を適用するようになった．市場型製品にとっては，品質マニュアルの作成目的が曖昧になってしまったのである．

　ISO 9001:2000/2008では，品質方針は品質目標設定の枠組みを示すものとなり，品質マニュアルに品質方針を記載することが削除された．この時，品質マニュアルの作成について，「品質マニュアルを組織外に見せる必要があれば作成する」としておけば良かったのではないかと考える．改訂版であるISO 9001:2015では，品質マニュアルという表現が削除されているので，その作成の目的をよく考えていただきたい．なお，ISO 14001:2004では，環境マニュアルの作成は要求されていない．

　2008年版の品質マニュアル（4.2.2 c）項に「QMSのプロセス間の相互関係に関する記述」を記載することが要求されているが，これは何を意味するのだろうか．これは品質マニュアルにシステムの大きさ（認証取得を希望する組織では，認証取得の範囲）を記述することを要求している．この時，アウトソースしたプロセスの記述も当然しておかなければならない．

09　プロセスアプローチ（0.2）

　2008年版では，プロセスアプローチの採用を要求している．このプロセスアプローチは，ISO 9000:2005及びISO 9004:2000に記載されている「品質マネジメントの8原則」の1つである．2008年版では8原則そのものは記載されていないが，序文に「品質マネジメントの原則を考慮に入れて作成した」と記載されている．8原則を　表6　に示す．8原則が考慮されていると思われる2008年

09 プロセスアプローチ (0.2)

表6 品質マネジメントの8原則

- 品質マネジメントの8原則は ISO 9000s:2000 の下記に記載されている.
  ISO 9000:2005（JIS Q 9000:2006） 0序文：0.2
  ISO 9004:2009（JIS Q 9004:2010） 附属書B（参考）
- この8原則が，**ISO 9001:2008** に考慮されていると思われる**主な箇条番号**をまとめた.

品質マネジメントの8原則		8原則が考慮されていると思われる ISO 9001 の箇条番号
a）**顧客重視** Customer focus	組織は顧客に依存しており，そのために，現在及び将来の顧客ニーズを理解し，顧客要求事項を満たし，顧客の期待を<u>超える</u>ように努力すべきである.	5.2　5.3b　5.5.2c 5.6.2b 5.6.3b 6.1b　6.3 7.2.1　7.2.3 8.2.1　8.4a
b）**リーダシップ** Leadership	リーダは，組織の目的及び方向を一致させる．リーダは，人々が組織の<u>目標</u>を達成することに十分に参画できる<u>内部環境</u>を創りだし，維持すべきである.	5.1　5.2　5.3　5.4.1 5.4.2 5.5.1　5.5.2　5.5.3 5.6
c）**人々の参画** Involvement of people	すべての階層の人々は組織にとって根本的要素であり，その<u>全面的な参画</u>によって，組織の便益のためにその能力を活用することが可能となる.	4.1d 5.1e　5.3d　5.4.1 5.5.1 5.6.3c 6.1　6.2.1　6.2.2 7.2.2c　7.4.2b　7.5.2b 8.2.2　8.2.4　8.3b
d）**プロセスアプローチ** Process approach	活動及び関連する経営資源が<u>一つのプロセス</u>として運営管理されるとき，望まれる結果が<u>より効率</u>よく達成される.	4.1a　4.1下 7.1　7.5.2　7.6 8.2.2　8.2.3
e）**マネジメントへのシステムアプローチ** System approach to management	相互の関連する<u>プロセスを一つのシステム</u>として，<u>明確にし</u>，<u>理解し</u>，運営管理することが組織の目標を効果的で<u>効率</u>よく達成することに寄与する.	4.1　4.1b　4.2.2c 5.4.2b
f）**継続的改善** Continual improvement	組織の総合的パフォーマンスの継続的改善を組織の永遠の目標とすべきである.	4.1 5.1　5.3b　5.4.1　5.6.1 5.6.2g　5.6.3a　5.6.3b 8.1c　8.4　8.5.1
g）**意思決定への事実に基づくアプローチ** Factual approach to decision making	効果的な意思決定は，<u>データ及び情報</u>の分析に基づいている.	5.4.1　5.6 7.2.2c　7.4　7.6 8.2.1　8.2.3　8.2.4 8.4　8.5.2b
h）**供給者との互恵関係** Mutually beneficial supplier relationship	組織及びその供給者は独立しており，両者の互恵関係は両者の<u>価値創造能力</u>を高める.	5.6.2a 7.4.1　7.4.2c　7.4.3 8.4d

055

版の箇条を併せて記載したので参考にしていただきたい．

8原則ではプロセスアプローチとシステムアプローチの2つがあり，まずこれらを理解する必要があるので，図5で確認する．プロセスの定義は，「インプットをアウトプットに変換する，相互に関連する又は相互に作用する一連の活動」であり，システムの定義は，「相互に関連する又は相互に作用する要素（elements）の集まり」となっている．つまり，プロセスを明確にすることがプロセスアプローチであり，システムの要素をプロセスとしてシステムの大きさを決めることがシステムアプローチである．2008年版では，この2つは例えば下記の箇条で表現されている．

- ・4.1 a) 品質マネジメントシステムに必要なプロセス及びそれらの組織への適用を明確にする：プロセスアプローチ
- ・4.1 b) これらのプロセスの順序及び相互関係を明確にする：システムアプローチ
- ・4.2.2 c) 品質マネジメントシステムのプロセス間の相互関係に関する記述：システムアプローチ

　　　　（品質マニュアルにシステムの大きさを示すことを要求している．）

8原則では，この2つの原則の採用は効率化に役立つと記載されている．例えば，システムの中のプロセスを明確にすると，ボトルネックとなるプロセスが見つかり，そのプロセスを集中的に効率化すれば，システム全体の流れが良くなり全体最適化が達成されることになる．

しかし，2008年版ではプロセスアプローチ採用の理由として，序文0.2に，「プロセスアプローチの**利点**の一つは，プロセスの組合せ及びそれらの相互関係とともに，システムにおける個別のプロセス間の**つながり**についても，システムとして運用している間に管理できることである」と記載されている．8原則は9004の世界であるので効率化を求めているが，9001はシステムを間違いなく運用することを求めている．

なお，この8原則は，2015年改訂で9001にも記載され，システムアプローチの表現がなくなり，プロセスアプローチに統合され，7原則になっている．いずれにしろ，上記に示した考え方を理解して適用する必要がある．

09 プロセスアプローチ (0.2)

システム（ISO 9000:3.2.1）
・相互に関連する又は相互に作用する要素の集まり．（要素：elements）

プロセスアプローチ（QMの8原則　d）
・活動及び関連する経営資源が一つのプロセスとして運営管理されるとき，望まれる結果がより効率よく達成される．

マネジメントへのシステムアプローチ（QMの8原則　e）
・相互の関連するプロセスを一つのシステムとして，明確にし，理解し，運営管理することが組織の目標を効果的で効率よく達成することに寄与する．

プロセスアプローチ（ISO 9001:0.2）
・組織内において，望まれる成果を生み出すために，プロセスを明確にし，その相互関係を把握し，運営管理することと合わせて，一連のプロセスをシステムとして適用することを，プロセスアプローチと呼ぶ．
・プロセスアプローチの利点の一つは，プロセスの組合せ及びそれらの相互関係とともに，システムにおける個別のプロセス間のつながりについても，システムとして運用している間に管理できることである．

プロセス（ISO 9000:3.4.1）
・インプットをアウトプットに変換する，相互に関連する又は相互に作用する一連の活動．（活動：activities）．
・注記1：プロセスのインプットは，通常，他のプロセスからのアウトプットである．
・注記2：組織内のプロセスは，価値を付加するために，通常，管理された条件のもとで計画され，実行される．
・注記3：結果として得られる製品の適合が，容易に又は経済的に検証できないプロセスは**特殊工程**と呼ばれることが多い．

プロセスモデル（ISO 9001:0.2）
・図1に示すプロセスを基礎とした品質マネジメントのモデルは，箇条4～8に記述したプロセスのつながりを表したものである．

［注］
図に記載されている規格は下記より引用した．
　　ISO 9000:2005（JIS Q 9000:2006）
　　ISO 9001:2008（JIS Q 9001:2008）
QMの8原則はISO 9000:2005（JIS Q 9000:2006）より引用．

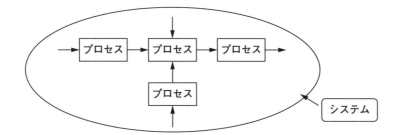

図5　プロセスに関する用語

10 製品実現の計画 (7.1)

　個別製品の製造が決定すると，製品実現の計画を策定することになる．ここで，図6 を参照いただきたい．この製品実現の計画が製造業では「品質計画書」と呼ばれているものである．サービス業では，この製品実現の計画を構築することが設計（プロセス又はシステムの設計）に相当するので，箇条7.3（設計・開発）を適用してもよいとされている．なお，この製品実現の計画策定に当たって，「製品に対する品質目標及び要求事項」を明確にすることが要求されている．この品質目標は箇条5.4.1の品質目標とは異なり，個別製品の品質目標である．個別製品の要求事項に，箇条5.4.1の品質目標が組み込まれているのかを確認することを意味していると考えられる．個別製品の要求事項は箇条7.2（顧客関連のプロセス）で明確になっているので，ここで新たに個別製品の品質目標を確認する必要性があるのか疑問がある．2015年版では，この個別製品の品質目標設定は削除されている．

　なお，箇条6.2.2（力量，教育・訓練及び認識）でも，「組織の要員が，自らの活動のもつ意味及び重要性を認識し，品質目標の達成に向けて自らがどのように貢献できるかを認識することを確実にする」と記述され，品質目標が出てくる．この品質目標は箇条5.4.1の品質目標であり，先に述べたMPIに相当する．

11 設計・開発 (7.3)

　本章の3節で，2008年版では，新製品開発は適用範囲外であると述べた．では設計・開発の「開発」とは何を意味するのだろうか．ここで，図7 を参照いただきたい．ISO 9001:1994のタイトルが「品質システム―設計，開発，製造，据付け及び付帯サービスにおける品質保証モデル」となっていた．もし開発（development）が新製品開発を意味するのであれば，設計（design）の前に記述されるべきであるが，開発は設計と製造の間に記述されていた．この疑問は，ISO/CD2 9000:2000で，設計と開発の定義が下記のとおりに記述されたことで解決した．

・設計（design）：要求事項を製品特性の一式に変換するプロセス
・開発（development）：製品実現化プロセスを規定するプロセス
　　参考　開発へのインプットには，設計のアウトプット，生産における考慮

11 設計・開発 (7.3)

5.4 計画
5.4.1 品質目標
・トップマネジメントは，組織内のしかるべき部門及び階層で，製品要求事項を満たすために必要なものを含む**品質目標**［**7.1a** 参照］が設定されていることを確実にしなければならない．
・品質目標は，その達成度が判定可能で，品質方針との整合がとれていなければならない．

5.4.2 品質マネジメントシステムの計画
・トップマネジメントは，次の事項を確実にしなければならない．
　a) **品質目標**に加えて 4.1 に規定する要求事項を満たすために，品質マネジメントシステムの計画を策定する．
　b) 品質マネジメントシステムの変更を計画し，実施する場合には，品質マネジメントシステムを"完全に整っている状態"(integrity) に維持する．

6.2.2 力量，教育・訓練及び認識
・組織は，次の事項を実施しなければならない．
　a) 製品要求事項への適合に影響がある仕事に従事する要員に必要な力量を明確にする．
　b) 該当する場合には（必要な力量が不足している場合には），その必要な力量に到達することができるように教育・訓練を行うか，又は他の処置をとる．
　c) 教育・訓練又は他の処置の有効性を評価する．
　d) 組織の要員が，自らの活動のもつ意味及び重要性を認識し，**品質目標**の達成に向けて自らがどのように貢献できるかを認識することを確実にする．
　e) 教育，訓練，技能及び経験について該当する記録を維持する（4.2.4 参照）．

※ JIS Q 9001：2008 の要求事項から引用

7.1 製品実現の計画
・組織は，製品実現のために必要なプロセスを計画し，構築しなければならない．
・製品実現の計画は，品質マネジメントシステムのその他のプロセスの要求事項と整合がとれていなければならない（4.1 参照）．
・組織は，製品実現の計画に当たって，次の各事項について適切に明確化しなければならない．
　a) 製品に対する**品質目標**及び要求事項
　b) 製品に特有な，プロセス及び文書の確立の必要性，並びに資源の提供の必要性
　c) その製品のための検証，妥当性確認，監視，測定，検査及び試験活動，並びに製品合否判定基準
　d) 製品実現のプロセス及びその結果としての製品が，要求事項を満たしていることを実証するために必要な記録（4.2.4 参照）
・この計画のアウトプットは，組織の運営方法に適した形式でなければならない．
・注記1　特定の製品，プロジェクト又は契約に適用される品質マネジメントシステムのプロセス（製品実現のプロセスを含む．）及び資源を規定する文書を，**品質計画書**と呼ぶことがある．
・注記2　組織は，製品実現のプロセスの構築に当たって，**7.3**に規定する要求事項を適用してもよい．

これらの**品質目標**は同じだろうか？

7.3　設計・開発
7.3.1　設計・開発の計画
7.3.2　設計・開発へのインプット
7.3.3　設計・開発からのアウトプット
7.3.4　設計・開発のレビュー
7.3.5　設計・開発の検証
7.3.6　設計・開発の妥当性確認
7.3.7　設計・開発の変更管理

図6　製品実現の計画と品質目標

ISO 9001:1994（タイトル）
品質システム ─ 設計，開発，製造，据付け及び付帯サービスにおける品質保証モデル
Quality Systems ─ Model for quality assurance in design, development, production, installation and servicing

---

参考（ISO/CD2 9000:2000）
設計 design（4.1.20）
- 要求事項を製品特性の一式に変換するプロセス
- 参考1：要求事項は，機能的及びその他の要求事項を含む
- 参考2：一般に設計されるものの性格を示すために，修飾語が用いられる．
- 例：製品設計，プロセス設計

開発 development（4.1.21）
- 製品実現化プロセスを規定するプロセス
- 参考：開発へのインプットには，設計のアウトプット，生産における考慮事項，物流支援における考慮事項，その他のインプットを含む

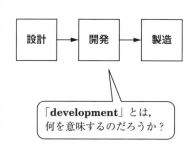

JIS Q 9000:2006（定義）
設計・開発 design and development（3.4.4）
- 要求事項を，製品，プロセス又はシステムの，規定された特性又は仕様書に変換する一連のプロセス
- 注記1：「設計」及び「開発」は，あるときは同じ意味で使われ，あるときには設計・開発の全体プロセスの異なる段階を定義するために使われる．
- 注記2：設計・開発されるものの性格を示すために，修飾語が用いられることがある（例：製品の設計・開発，プロセスの設計・開発）

JIS Q 9001:2008（解 5.2e）
- "design and development" は，"design" と "development" という二つの行為を合わせたものはない．
- **JIS Q 9000** の 3.4.4（設計・開発）で定義されているように，要求事項を，製品，プロセス又はシステムの，規定された特性又は仕様書に変換する一連のプロセスを意味していることを踏まえて，**JIS Q 9001** では "設計・開発" と訳している．
- **ISO 9001** でいう "design and development（設計・開発）" とは，（顧客）要求を満たす製品が備えるべき特性を指定する活動を意味している．
- したがって，具体的な顧客が想定される前の R&D（Research and Development：研究・開発）とは異なる．
- また，要求実現手段の体系として確立している技術を顧客要求に適合するように，取捨選択，カスタマイズする行為も意味している．
- 例えば，医療において新たな診療技術確立のための技術開発はここでいう設計・開発ではなく，外来に訪れた患者に対し，確立している診療技術を駆使して患者の状態に応じた最適な診療計画を作成することが，ここでいう設計・開発である［この解説の **4.1o** も参照］．

図7　設計・開発の「開発」とは

事項，物流支援における考慮事項，その他のインプットを含む

つまり，developmentとは設計と製造をつなぐものである．製造業では生産技術活動に相当するものである．設計の図面ではすぐに生産活動ができないので，製造できる表現に置き換える作業を意味する．このdevelopmentを開発と誤訳したことが間違いの原因だった．

このCD2（Committee Draft 2）の定義は，ISO 9000：2000/2005ではdesign and developmentを1つの言葉にまとめて下記のとおりとし，さらにわかりにくい内容となってしまった．

・design and development：要求事項を，製品，プロセス又はシステムの，規定された特性又は仕様書に変換する一連のプロセス

これは，例えば化学工場，サービス産業などではdesign領域よりもdevelopment領域のほうが大きく，必ずしも2つを分ける必要がない業種もあることを考慮したといわれている．製造業では，CD2の定義で運用すればよい．

なお，製造業で，設計部門を持たず，顧客が設計した図面で製造する組織が「7.3を適用除外」としている例が多くあるが，生産技術活動がある場合はdevelopment領域があるので適用除外はできないし，すべきではないと考えている．これらの問題はdevelopmentを開発と誤訳した弊害である．

もう少し，設計・開発について考察してみる．本来は開発という表現を使いたくないのだが，以後の説明での混乱を防ぐため設計・開発と表現することにする．**図8**を参照いただきたい．設計・開発では，**検証**，**レビュー**，**妥当性確認**の3つを行うことが要求されている．この3つの要求事項の詳細は，**図9**に示した．

検証は設計以外の，例えば営業，購買，製造，検査などのすべてのプロセスで行う必要がある．しかし，レビューと妥当性確認は設計・開発以外のプロセスにはない要求事項である．

レビューは，部門を代表する者が行うとなっている．部門の代表が設計のアウトプットが正しいのかを評価するのだろうか．レビューでは「要求事項を満たしているかを評価する」のではなく，「要求事項を満たせるかどうかを評価する」となっている．例えば，購買部門では設計のアウトプットしたものを購入できるかを評価する，検査は検査が可能かを評価する，製造は製造できるかを評価するのである．

そして，「問題点を明確にし，必要な処置を提案する」ことが要求されている．

2章 ISO 9001:2008（JIS Q 9001:2008）の再認識

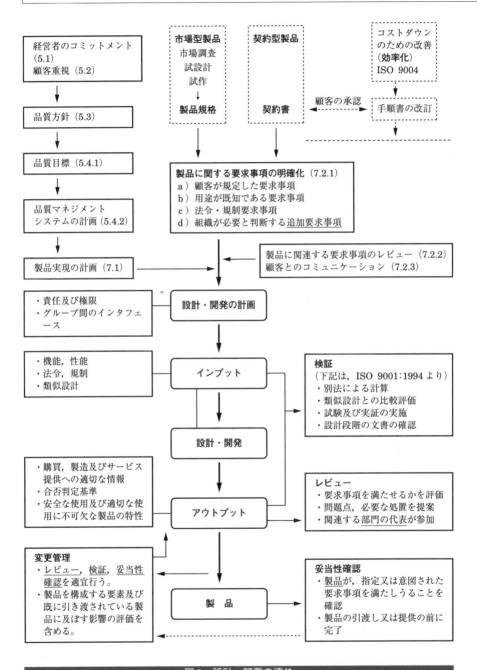

図8　設計・開発の流れ

11 設計・開発（7.3）

設計・開発の計画（7.3.1）

- 組織は，製品の設計・開発の計画を策定し，管理しなければならない．
- 設計・開発の計画において，組織は，次の事項を明確にしなければならない．
  a) 設計・開発の段階
  b) 設計・開発の各段階に適した**レビュー**，**検証**及び**妥当性確認**
  c) 設計・開発に関する責任及び権限
- 組織は，効果的なコミュニケーション及び責任の明確な割当てを確実にするために，設計・開発に関与するグループ間の<u>インタフェース</u>を運営管理しなければならない．
- 設計・開発の進行に応じて，策定した計画を適切に更新しなければならない．
- 注記：設計・開発の**レビュー**，**検証**及び**妥当性確認**は異なった目的をもっている．それらは，製品及び組織に適するように，個々に又はどのような<u>組合せ</u>でも，実施し，記録をすることができる．

（解4.1o）
- 組織によっては**レビュー**，**検証**及び**妥当性確認**の三つを個別に実施することは難しいという<u>サービス業</u>及び<u>中小企業</u>からの要望に応え，新たに注記を追加することになった．

設計・開発のレビュー （7.3.4）	設計・開発の検証（7.3.5）	設計・開発の妥当性確認（7.3.6）
・設計・開発の適切な段階において，次の事項を目的として，計画されたとおりに（7.3.1参照）<u>体系的</u>なレビューを行わなければならない． 　a) 設計・開発の結果が，<u>要求事項を満たせるかどうかを評価する．</u> 　b) 問題を明確にし，必要な処置を提案する． ・レビューへの参加者には，レビューの対象となっている設計・開発段階に関連する**部門を代表する者**が含まれていなければならない． ・このレビューの結果の記録，及び必要な処置があればその記録を維持しなければならない（4.2.4参照）．	・設計・開発からの<u>アウトプット</u>が，設計・開発への<u>インプット</u>で与えられている要求事項を満たしていることを確実にするために，計画されたとおりに（7.3.1参照）検証を実施しなければならない． ・この検証の結果の記録，及び必要な処置があればその記録を維持しなければならない（4.2.4参照）． （何をレビューしますか？）	・結果として得られる製品が，指定された用途又は意図された用途に応じた要求事項を満たし得ることを確実にするために，計画した方法（7.3.1参照）に従って，設計・開発の妥当性確認を実施しなければならない． ・実行可能な場合にはいつでも，<u>製品の引渡し又は提供の前に，妥当性確認を完了</u>しなければならない． ・妥当性確認の結果の記録，及び必要な処置があればその記録を維持しなければならない（4.2.4参照）． （**完成検査**との相違は？）

※ JIS Q 9001:2008 の要求事項から引用

図9 設計・開発のレビュー／検証／妥当性確認

つまり，このレビューをわかりやすい言葉で表現すると，「図面協議」に相当するものとなる．このことが理解されず，世の中では「開発第1段階のレビュー，開発第2段階のレビュー」などと，あたかも新製品開発の設計審査として捉えられている例がよく見受けられる．

レビューは1回とは限らず，数回行われることも考えられるので，これを設計計画であらかじめ決めておくことが重要である．レビューまでは机上検討となるが，最終のレビューが完了すると，その後は実際に製造活動がスタートすることになる．レビューの結果は記録に残すことが要求されている．この記録は，製造がスタートした後で，材料の手配ができない，検査ができない，製造ができないなどの言い訳ができない記録にも相当するので，このレビューに関連する部門は真剣に取り組む必要がある．さらに，主要な外注先もこのレビューに加えておくことも重要である．

妥当性の確認は，製品の引渡しまたは提供の前に行うことになっている．設計・開発段階で行う行為ではないのに，なぜ箇条7.3に記載されているのだろうか．それは設計者が行ってほしい事項だからである．ここで，完成検査と妥当性確認の相違を考えてみよう．完成検査は2008年版では箇条8.2.4に基づいて検査部門で行われる．完成検査では「合否判定基準」があり，これに合格すればよい．妥当性確認では「結果として得られる製品が，指定された用途又は意図された用途に応じた要求事項を満たし得ることを確実にするために，計画した方法（7.3.1参照）に従って，設計・開発の妥当性確認を実施しなければならない」となっており，完成した製品が設計者の意図したとおりのものとして完成しており，顧客に納入してよいのかを確認することを要求しているのである．

例えば，追加工事の必要はないのか，検査項目の追加の必要性はないのか，意図した用途以外で使用されても問題ないか，などを検討することも含まれている．

先に述べたとおり，設計部門を持たず，顧客が設計した図面で製造する組織が「7.3を適用除外」とした場合，生産技術活動の後のレビュー及び妥当性確認の重要性が理解されず，系統的に行われていないのが残念である．

12 製品に関する要求事項の伝達経路

例えば，顧客の仕様書に「組織が外注先とする場合は，ある特定の検査について顧客が立ち会う」ことが記述されていたとする．この要求事項をどのようにし

て外注先へ伝え，実行すればよいのだろうか．2008年版を用いて以下に解説してみる．図10 を参照いただきたい．これに関連する各部門の主な活動内容を以下に示す．

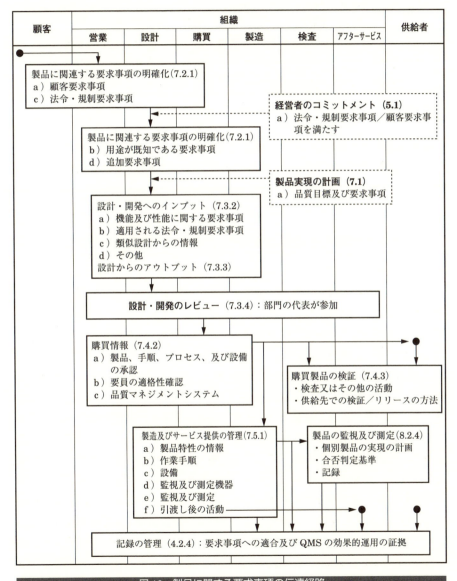

図10　製品に関する要求事項の伝達経路

- 営業部門：顧客の仕様書に外注先での顧客立会いがあることを確認し，設計部門へ伝える．
- 設計部門：この情報を設計・開発からのアウトプットに合否判定基準として記述する．

  設計・開発のレビューでこの情報を関連部門に伝える．

  各部門はこれに対する問題があれば，必要な処置を提案する．
- 購買部門：顧客の立会いがあることを購買情報に折り込んで発注する．
- 営業部門：適切な時期に顧客へ立会い申請を提出する．
- 検査部門：顧客立会い検査時に要すれば同行する．

  受入検査時に顧客立会いの証拠を確認する．

以上の解説で明らかなように，関連部門へ必要な情報を伝達する重要なプロセスは，「**設計・開発のレビュー**」であるので，このプロセスを有効に活用して欲しい．

13　プロセスの妥当性確認（7.5.2）

2008年版では，「製造及びサービス提供の過程で結果として生じるアウトプットが，それ以降の監視又は測定で検証することが不可能で，その結果，製品が使用され，又はサービスが提供された後でしか不具合が顕在化しない場合には，組織は，その製造及びサービス提供の該当する**プロセスの妥当性確認**を行わなければならない」と記述されている．ここで，　表7　を参照いただきたい．

このプロセスの妥当性確認を行わなければならないプロセスを，ISO 9001：1994では「**特殊工程**」と呼んでいた．製造業では，特殊工程とは溶接，熱処理，メッキ，ハンダ，接着，塗装などの工程である．例えば，溶接では，表面欠陥や内部欠陥は非破壊検査で確認することができるが，その強度や衝撃吸収力を確認することはできない．したがって，事前に種々の溶接条件を変化させた確認実験を多数行い，要求性能が確保できる施工条件範囲を定め，さらに使用設備や溶接作業者の力量も認定することを要求していたのである．実製品では，その条件範囲内で施工したことを示す記録を残すことにより，製品の溶接性能を保証することにしたのである．

2008年版では，製品にサービスも含まれることになり，サービス産業では実際のサービス提供の前にそのサービス提供の妥当性確認を行うのは当然のことで

13 プロセスの妥当性確認（7.5.2）

表7 プロセスの妥当性確認

ISO 9001:2008（JIS Q 9001:2008）	ISO 9001:1994（JIS Z 9901:1998）
製造及びサービス提供に関するプロセスの妥当性確認（7.5.2） ・製造及びサービス提供の過程で結果として生じるアウトプットが，それ以降の監視又は測定で検証することが不可能で，その結果，製品が使用され，又はサービスが提供された後でしか不具合が顕在化しない場合には，組織は，その製造及びサービス提供の該当する**プロセスの妥当性確認**を行わなければならない。（プロセスの妥当性確認：validation of processes） ・妥当性確認によって，これらのプロセスが計画どおりの結果を出せることを実証しなければならない． ・組織は，これらのプロセスについて，次の事項のうち該当するものを含んだ手続きを確立しなければならない． 　a）プロセスのレビュー及び<u>承認</u>のための明確な基準（承認：approval） 　b）設備の承認及び要員の適格性確認 　c）所定の方法及び手順の適用 　d）<u>記録</u>に関する要求事項（4.2.4 参照） 　e）<u>妥当性の再確認</u>	**工程管理（4.9）（抜粋）** ・事後の製品の検査・試験では工程の結果が十分に検証できない場合，また，例えば工程の欠陥が製品の使用段階でしか現れないような場合，規定要求事項を確実にするために，その工程は<u>有資格者</u>（qualified operator）が作業を実行すること，及び／又は工程パラメーターの連続的な監視及び管理を行うこと．（有資格者：qualified operators） ・関連する<u>設備</u>及び<u>要員</u>を含む工程作業の<u>認定</u>に対する要求事項を規定すること．（認定：qualification） ・参考16：工程能力の事前認定を必要とするこのような工程は，しばしば**特殊工程**と呼ばれる． ・認定された工程，設備及び要員については，適宜，<u>記録</u>を維持すること．
購買情報（7.4.2） ・購買情報では購買製品に関する情報を明確にし，次の事項のうち該当するものを含めなければならない． 　a）製品，手順，プロセス及び設備の<u>承認</u>に関する要求事項 　b）要員の適格性確認に関する要求事項 　c）**品質マネジメントシステム**に関する要求事項 ・組織は，供給者に伝達する前に，規定した購買要求事項が妥当であることを確実にしなければならない．	**購買データ（4.6.3）** ・購買文書には，該当する場合には次の事項を含めて，発注物品を明確に記述したデータを含めること． 　a）形式，種類，等級又はその他の明確な識別 　b）仕様書，図面，工程要求書，検査指示書，その他の関連技術データの標題又はその他の確実に識別できる特徴並びに適用すべき版． 　　これらには，製品，手順，<u>工程設備</u>及び要員の**承認**及び**認定**に関する要求事項を含む． 　c）適用される**品質システム**規格名称，番号及び版 ・供給者は，購買文書の発行に先立ち，その規定要求事項の適切性について<u>確認</u>し，<u>承認</u>すること．

> 特殊工程とは，何だろうか？

> プロセスの妥当性確認が必要なプロセスをアウトソースした場合の管理はどうしていますか？

あるので，特殊工程という表現は用いられなくなった．製造業では特殊工程と表現するほうがわかりやすいので，そのまま用いればよい．

この特殊工程をアウトソースした場合は，当然外注先にもプロセスの妥当性確認を要求し，箇条 7.5.2 で要求している記録を外注先にも要求し，組織がいつでも確認できるようにしておく必要がある．このことを理解して箇条 7.4.2（購買情報）をみれば理解していただけるだろう．

14　法令・規制要求事項

2008 年版では，法令・規制要求事項に関する記述が 4 箇所ある．この記述を ISO 14001：2004 と比較して，図 11 に示す．2008 年版での法令・規制要求事項の適用は顧客へ提供する製品に対するものが 3 箇所あり，箇条 5.1（経営者のコミットメント）のみ「製品」という言葉が省かれているので注意してもらいたい．QMS は，顧客が要求する規格なので，顧客へ提供する製品に対する法令・規制要求事項を順守するのは当然のことであるが，製造プロセスなどでも組織に適用される QMS に関する法的要求事項は，すべて順守することを要求している．ISO 9001：1994 では，法令・規制要求事項の記述は箇条 4.4（設計のインプット）のみであったが拡大されている．これは EMS の影響を受けていると考えられる．

ISO 14001：2004 では，箇条 4.3.2（法的及びその他の要求事項）で法令・規制要求事項を調査し，箇条 4.5.2（順守評価）で法順守の評価を行う要求事項もあるので，これを参考にして法順守を確実なものにしていただきたい．

15　顧客クレームへの対応

顧客のクレームについて，下記のような悩みをよく聞く．
- 顧客クレームが減少しない．
- 以前は問題にならなかったことがクレームとなるようになった．
- クレームの内容が多様化してきた．

2008 年版を適用していて，クレームが減少しないのは，規格の適用の仕方に問題があると考えられる．ここで，図 12 を参照いただきたい．顧客クレームに対して，以下の事項の検討が必要である．

15 顧客クレームへの対応

JIS Q 9001:2008
適用範囲／一般（1.1）
- この規格は，次の二つの事項に該当する組織に対して，QMS 関する要求事項について規定する．
  - a）顧客要求事項及び適用される**法令・規制要求事項**を満たした 製品 を一貫して提供する能力をもつことを実証する必要がある場合
  （statutory and regulatory requirements）

経営者の責任／経営者のコミットメント（5.1）
- トップマネジメントは，QMS の構築及び実施，並びにその有効性を継続的に改善することに対するコミットメントの証拠を次の事項によって示さなければならない．
  - a）**法令・規制要求事項**を満たすことは当然のこととして，顧客要求事項を満たすことの重要性を組織内に周知する．

製品に関連する要求事項の明確化（7.2.1）
- 組織は，次の事項を明確にしなければならない．
  - c） 製品 に適用される**法令・規制要求事項**

設計・開発へのインプット（7.3.2）
- 製品 要求事項に関するインプットを明確にし，記録を維持しなければならない．（4.2.4 参照）
- インプットには次の事項を含めなければならない．
  - b）適用される**法令・規制要求事項**

ISO 9001:1994（JIS Z 9901:1998）
設計へのインプット（4.4.4）
- 供給者は， 製品 に関して設計にインプットする要求事項を，適用される**法規制上の要求事項**も含めて明確にし，文書化し，それらの要求事項の選択の適切性を確認すること．
（statutory and regulatory requirements）

JIS Q 14001:2004
環境方針（4.2）
- c）組織の環境側面に関係して適用可能な**法的要求事項**及び組織が同意する**その他**の要求事項を順守するコミットメントを含む．

法的及びその他の要求事項（4.3.2）
（legal and other requirements）
- 組織は次の事項にかかわる手順を確立し，実施し，維持すること．
  - a）組織の環境側面に関係して適用可能な**法的要求事項**及び組織が同意する**その他**の要求事項を特定し，参照する．
  - b）これらの要求事項を組織の環境側面にどのように適用するかを決定する．
- 組織は，その EMS を確立し，実施し，維持するうえで，これらの適用可能な**法的要求事項**及び組織が同意する**その他**の要求事項を確実に考慮に入れること．

目的，目標及び実施計画（4.3.3）
- 目的及び目標は，実施できる場合には測定可能であること．そして，汚染の予防，適用可能な**法的要求事項**及び組織が同意する**その他**の要求事項の順守並びに継続的改善に関するコミットメントを含めて，環境方針に整合していること．
- その目的及び目標を設定しレビューするにあたって，組織は，**法的要求事項**及び組織が同意する**その他**の要求事項並びに著しい環境側面を考慮に入れること．

順守評価（4.5.2）
- **4.5.2.1** 順守に対するコミットメントと整合して，組織は，適用可能な**法的要求事項**の順守を定期的に評価するための手順を確立し，実施し，維持すること．
  組織は，定期的な評価の結果の記録を残すこと．
- **4.5.2.2** 組織は，自らが同意する**その他**の要求事項の順守を評価すること．
  組織は，この評価を 4.5.2.1 にある法的要求事項の評価に組み込んでもよいし，別の手順を確立してもよい．
  組織は，定期的な評価の結果の記録を残すこと．

マネジメントレビュー（4.6）
- マネジメントレビューへのインプットは，次の事項を含むこと．
  - a）内部監査の結果，**法的要求事項**及び組織が同意する**その他**の要求事項の順守評価の結果

図 11　法令・規制要求事項

2章 ISO 9001:2008（JIS Q 9001:2008）の再認識

7.2.3 顧客とのコミュニケーション
・組織は，次の事項に関して顧客とのコミュニケーションを図るための効果的な方法を明確にし，実施しなければならない．
　a) 製品情報
　b) 引合い，契約若しくは注文，又はそれらの変更
　c) 苦情を含む顧客からの フィードバック

> 顧客が製品に関する特別要求を行うなどの顧客の**特性**を調査していますか？

> ○○○ クレームがありました．

7.2.1 製品に関連する要求事項の明確化
・組織は，次の事項を明確にしなければならない．
　a) **顧客**が規定した要求事項．これには引渡し及び引渡し後の活動に関する要求事項を含む．
　b) 顧客が明示してはいないが，指定された用途又は意図された 用途が既知 である場合，それらの用途に応じた要求事項
　c) 製品に適用される**法令・規制**要求事項
　d) 組織が必要と判断する**追加**要求事項すべて
・注記　引渡し後の活動には，例えば， 保証 に関する取決め，メンテナンスサービスのような契約義務，及びリサイクル又は最終廃棄のような補助的サービスのもとでの活動を含む．

> このクレームは，a)～d) のどのクレームですか？
> b) に対するクレームではありませんか？

> **有償／無償**の基準を顧客と合意していますか？

7.2.2 製品に関連する要求事項のレビュー
・レビューでは，次の事項を確実にしなければならない．
　a) 製品要求事項 が定められている．

> 特に**b)** に対する要求事項が決められていますか？

・顧客がその要求事項を 書面で示さない 場合には，組織は顧客要求事項を受諾する前に確認しなければならない．

> 顧客が**口頭**で要求した要求事項は**文書化**されていますか？
> この口頭の要求事項がクレームになっていませんか？

7.1 製品実現の計画
・組織は，製品実現の計画に当たって，次の各事項について適切に明確化しなければならない．
　a) 製品に対する品質目標及び 要求事項
　c) その製品のための検証，妥当性確認，監視，測定，検査及び試験活動，並びに 製品合否判定基準

> 製品要求事項がすべて**実施計画**に反映されていますか？
> 特にb) が欠落していませんか？

> 製品要求事項に対する**合否判定基準**がすべて決まっていますか？
> この基準は顧客の了解を得ていますか？

※ JIS Q 9001:2008 の要求事項から引用

図12　顧客のクレームとその原因究明

- 顧客の要求特性を事前に調査しているか（よくクレームを出す顧客である）．
- クレームがあったとき，そのクレームが下記に示す，箇条7.2.1（製品に関連する要求事項の明確化）のいずれに相当するか分析をしているか．
    a）**顧客**が規定した要求事項
        これには引渡し及び引渡し後の活動に関する要求事項を含む．
    b）顧客が明示してはいないが，指定された用途又は意図された**用途が既知**である場合，それらの用途に応じた要求事項
    c）製品に適用される**法令・規制**要求事項
    d）組織が必要と判断する**追加**要求事項すべて
- この分析で，その原因がa)とc)であれば無条件に善処する必要がある．意外に多いのはb)の場合である．これを曖昧にして契約していないか．
- b)については，問題が生じた場合はどこまで無償で対応するか，又，有償で対応する条件を顧客と事前に合意しているか．
- 顧客が要求事項を口頭で伝えてくる場合，文書で明確に回答をしているか．
- b)に関する要求事項を製品実現の計画の要求事項及び合否判定基準に組み入れているか．

以上に示したとおり，2008年版を素直に適用すれば，顧客クレームが減少するはずである．しかし，日本の文化では，b)についてあまりハッキリ顧客に言うと，顧客から嫌われると考えている企業があるのも現実である．これからは，顧客にハッキリと契約条件を言える組織が信用される時代になるので，自信をもって対応していただきたい．

16　内部監査（8.2.2）

内部監査は，「あらかじめ定められた間隔（planned intervals）で行う」と記述されている．これを定期的（periodically）と解釈している例が多い．例えば年1回，8月に全部門を一斉に行うということがよく行われている．規格が意味するところは，計画的に内部監査を行うことを要求している．したがって，内部鑑査は組織の作業工程に合わせて計画することが重要である．内部監査の計画の一例を 図13 に示した．

さらに，規格では監査プログラム（audit programme）の策定を要求している．これは単なる監査の計画（audit plan）ではない．内部監査の目的，範囲，

2章 ISO 9001:2008 (JIS Q 9001:2008) の再認識

作成：○○○1年4月1日

被監査組織		年月	○○○1年									○○○2年			備考
			4	5	6	7	8	9	10	11	12	1	2	3	
主要工程							＊条例改正								
						工場のレイアウト変更			新規工事受注						
総務部	企画課					○									
	管理課						○								
	人事課					○							○		
営業部	営業課							○							
	アフターサービス課													○	
設計部	見積課						○								
	基本設計課					○									
	詳細設計課							○							
購買部	資材課		○						○						
	購買課								○						
	下請負課						○			○					
製造部	倉庫課					○					○				
	製造1課			○			○				○				
	製造2課				○						○				
	梱包・輸送課												○		
品質管理部	品質管理課						○						○		
	検査課				○				○						
	計測器管理課				○						○				

注）1. 上記の予定は，工程の変更や設備の新設など，重要な変更があった場合は，変更することがある．
　2. 上記に加えて，必要に応じて，**臨時監査**を行うことがある．
　3. 監査を行う30日前に，監査の実施通知を発行する．
　4. マネジメントレビューは，毎月の品質会議で行うが，システム全体の有効性を判断するために，全体的なマネジメントレビューを 4月 に行う．
　5. 内部監査で，**A グレード**（致命的）の不適合が出た場合は，即時経営トップに報告する．

図13　内部 QMS 監査　年度計画（一例）

スケジュール，手順，基準，監査メンバーの選定及び評価などの監査の取り決めをまとめたものである．具体的には，ISO/IEC 19011:2011 を参考に策定することをお勧めする．

17　トップマネジメントの役割

QMS を成功させるには，トップマネジメントの役割が極めて重要である．規格が要求する役割を 図14 に示した．これらの内容をわかりやすくまとめると，次のようになる．

品質方針では，特に下記を示すことが重要である．

- 法規制を，余裕をもってクリアするために，各部門で自主基準値を設定させる．
- 近い将来に制定または改訂される法規制を事前に調査し，確実にこれに対応できるように準備させる．
- 組織が必要と判断する追加要求事項（プラスの側面）を品質方針で明確に示し，これを達成するための QMS の計画（中長期計画）を設定する．
- この計画に従い，各部門に品質目標（MPI）を設定させ，実行させる．
- 個別製品の実現の計画にこの品質目標を確実に組み込ませる．

さらに，下記を行うこと．

- 管理責任者は，QMS を運用するトップの代行者としてふさわしい力量を有した人を選定する．
- 各部門の役割，責任及び権限を明確に定め，それに必要な力量をあらかじめ定めて，該当する人材を割り当てさせる．
- 内部監査を効果的にするため，内部監査員の力量評価を確実に行う．
- 不適合の報告があった場合は的確な是正処置を指示し，そのフォローを確実にする．
- 管理責任者や各部門からの改善の提案を実現するための資源（人，物，資金，技術，技法など）の提供を確実にする．
- マネジメントレビューを適切な時期に行い，品質目標の達成状況や，システムの運用状況を確認し，的確な指示をする．
- 上記を実施させるための資源の提供を確実に行う．

2章　ISO 9001:2008（JIS Q 9001:2008）の再認識

5.1　経営者のコミットメント
・トップマネジメントは，品質マネジメントシステムの構築及び実施，並びにその有効性を継続的に改善することに対するコミットメントの証拠を，次の事項によって示さなければならない．
　a）法令・規制要求事項を満たすことは当然のこととして，顧客要求事項を満たすことの重要性を組織内に周知する．
　b）品質方針を設定する．
　c）品質目標が設定されることを確実にする．
　d）マネジメントレビューを実施する．
　e）資源が使用できることを確実にする．

5.3　品質方針
・トップマネジメントは，品質方針について，次の事項を確実にしなければならない．
　a）組織の 目的 に対して適切である．
　b）要求事項への適合及び品質マネジメントシステムの有効性の 継続的な改善 に対するコミットメントを含む．
　c）品質目標の設定及びレビューのための 枠組みを与える．
　d）組織全体に伝達され，理解される．
　e）適切性の持続のためにレビューされる．

5.4.1　品質目標
・トップマネジメントは，組織内のしかるべき部門及び階層で，製品要求事項を満たすために必要なものを含む**品質目標**［7.1a 参照］が設定されていることを確実にしなければならない．
・**品質目標**は，その達成度が判定可能で，**品質方針**との整合がとれていなければならない．

7.1　製品実現の計画
・……
・組織は，製品実現の計画に当たって，次の各事項について適切に明確化しなければならない．
　a）製品に対する**品質目標**及び要求事項
……

7.2.1　製品に関連する要求事項の明確化
・組織は，次の事項を明確にしなければならない．
　a）顧客が規定した要求事項．これには引渡し及び引渡し後の活動に関する要求事項を含む．
　b）顧客が明示してはいないが，指定された用途又は意図された用途が既知である場合，それらの用途に応じた要求事項
　c）製品に適用される法令・規制要求事項
　d）組織が必要と判断する 追加要求事項 すべて

4.2　文書化に関する要求事項
4.2.1　一般
・品質マネジメントシステムの文書には，次の事項を含めなければならない．
　a）文書化した，**品質方針**及び**品質目標**の表明
　b） 品質マニュアル
　c）この規格が要求する"文書化された手順"及び記録
　d）組織内のプロセスの効果的な計画，運用及び管理を確実に実施するために，組織が必要と決定した**記録**を含む文書

5.4.2　品質マネジメントシステムの計画
・トップマネジメントは，次の事項を確実にしなければならない．
　a）**品質目標**に加えて 4.1 に規定する要求事項を満たすために，品質マネジメントシステムの計画を策定する．
　b）品質マネジメントシステムの変更を計画し，実施する場合には，品質マネジメントシステムを"完全に整っている状態"（integrity）に維持する．

※ JIS Q 9001:2008 の要求事項から引用

図 14　トップマネジメントの役割

QMSの運用状況をトップが確認するには，トップへの情報のルートを確実に設定しておく必要がある．規格が示すトップへの情報の流れは3つある．これらの情報の流れとジョンソン格言を合わせて，図15 に示す．

ジョンソン氏は，「コンピュータに，くだらない情報を入れたら何が出てきますか」と，問いかけている．当然くだらない情報がアウトプットされるのだが，ジョンソン氏の答えは，「福音書のようなものが出てくる」としている．くだらない情報でもこれがトップへ行くに従って誠らしき情報として伝わり，トップへは，正しい情報が伝わりにくいことを示している．

規格が示すトップへ伝わる3つの情報としては，①管理責任者からの報告，②内部コミュニケーション，③マネジメントレビューへのインプット がある．この中で，①と③は，その内容が薄められる可能性がある．②のルート（トップへの直行便）をうまく使うのも1つの方法である．

18　ISO 9004：2009 の適用

最後に ISO 9004：2009 の重要性について補足しておく．先にも述べたとおり，ISO 9001 は顧客が要求するシステムであり，組織の外に見せるシステムである．9004 は組織が持続的に成功するための組織の中で行うシステムである．

この2つの規格の目次比較を 表8 に示す．9001 に記述されていない 9004 の主な箇条として，持続的成功（4.2），戦略及び方針の策定（5.2），財務資源（6.2），天然資源（6.8），主要パフォーマンス指標（8.3.2），自己評価（8.3.4），ベンチマーキング（8.3.5），革新（9.3），学習（9.4）などがある．

9001 には記述されていないが，9004 に記述されている注意すべき用語を，表9 ，表10 に示す．これらの用語から，9004 は 9001 より幅の広い規格であることを理解してもらいたい．

9004 では，組織のシステムの成熟度レベルを評価する「自己評価ツール」が記述されているので，ぜひともこれを用いて自己評価を行って欲しい．自己評価ツールの抜粋を 表11 に示す．成熟度レベルを5段階（レベル1〜5）で評価することになっており，9001 を構築している組織は少なくともレベル2以上でなければならない．

この成熟度レベルを仲介にして，9001 と 9004 を図式で比較したものを，図16 に示す．2008 年版の箇条 7.2.1d の追加要求事項は，現状の製品を少しだけ改善

> ゴミのような情報をコンピューターにインプットすると，何がアウトプットされるか？
>
> Concerning Computer Information ----- When Garbage is Put into a Computer, What Comes out?
>
> L. Marvin Johnson

JIS Q 9001:2008	JIS Q 14001:2004
管理責任者（5.5.2） ・管理責任者は，与えられている他の責任とかかわりなく，次に示す責任及び権限をもたなければならない． 　b）品質マネジメントシステムの成果を含む実施状況及び改善の必要性の有無について，トップマネジメントに 報告 する． **内部コミュニケーション（5.5.3）** ・トップマネジメントは，組織内にコミュニケーションのための適切なプロセスが確立されることを確実にしなければならない． ・また，品質マネジメントシステムの有効性に関しての情報交換が行われることを確実にしなければならない． **マネジメントレビューへのインプット（5.6.2）** ・マネジメントレビューへのインプットには，次の情報を含めなければならない． 　a）監査の結果 　b）顧客からのフィードバック 　c）プロセスの成果を含む実施状況及び製品の適合性 　d）予防処置及び是正処置の状況 　e）前回までのマネジメントレビューの結果に対するフォローアップ 　f）品質マネジメントシステムに影響を及ぼす可能性のある変更 　g）改善のための提案	**資源，役割，責任及び権限（4.4.1）** ・組織のトップマネジメントは，特定の管理責任者（複数も可）を任命すること． ・その管理責任者は，次の事項に関する定められた役割，責任及び権限を，他の責任にかかわりなくもつこと． 　b）改善のための提案を含め，レビューのために，トップマネジメントに対し環境マネジメントシステムのパフォーマンスを 報告 する **コミュニケーション（4.4.3）** ・組織は，環境側面及び環境マネジメントシステムに関して次の事項に関わる手順を確立し，実施し，維持すること． 　a）組織の種々の階層及び部門間での内部コミュニケーション **マネジメントレビュー（4.6）** ・トップマネジメントは，組織の環境マネジメントシステムが，引き続き適切で，妥当で，かつ，有効であることを確実にするために，あらかじめ定められた間隔で環境マネジメントシステムをレビューすること． ・レビューは，環境方針並びに環境目的及び目標を含む環境マネジメントシステムの改善の機会及び変更の必要性の評価を含むこと． ・マネジメントレビューの記録は，保持されること

> いいえ，福音書（正しいもの）がアウトプットされ，それが上層部へ上がるにつれて，更に真の情報として受け入れられる．
>
> No! Gospel Comes Out and the Higher in Management it Goes, the More Reliable the "Gospel is"
>
> L. Marvin Johnson

図15　経営トップへの3つの情報ルート

表8 ISO 9001 と ISO 9004 の目次比較

ISO 9001:2008	ISO 9004:2009	ISO 9001:2008	ISO 9004:2009
まえがき 0 序文 0.1 一般 0.2 プロセスアプローチ 0.3 ISO 9004 との関係 0.4 他の MS との両立性	序文 – – –	7 製品実現 7.1 製品実現の計画 7.2 顧客関連のプロセス 7.2.1 製品に関連する要求事項の明確化 7.2.2 製品に関連する要求事項のレビュー 7.2.3 顧客とのコミュニケーション	7.2 プロセスの計画策定及び管理 4.3 組織環境 5.4 戦略及び方針に関するコミュニケーション
1 適用範囲 1.1 一般 1.2 適用	1 適用範囲	7.3 設計・開発 7.3.1 設計・開発の計画 7.3.2 設計・開発へのインプット 7.3.3 設計・開発からのアウトプット 7.3.4 設計・開発のレビュー 7.3.5 設計・開発の検証 7.3.6 設計・開発の妥当性確認 7.3.7 設計・開発の変更管理	– – – – – – –
2 引用規格	2 引用規格		
3 用語及び定義	3 用語及び定義		
4 品質マネジメントシステム 4.1 一般要求事項	4.1（組織の持続的成功のための運営管理）一般 7.1（プロセスの運営管理）一般	7.4 購買	–
4.2 文書化に関する要求事項 4.2.1 一般 4.2.2 品質マニュアル 4.2.3 文書管理 4.2.4 記録の管理	– – – – –	7.4.1 購買プロセス 7.4.2 購買情報 7.4.3 購入製品の検証	6.4.1（供給者及びパートナ）一般 6.4.2 供給者及びパートナの選定，評価及び能力の改善 –
5 経営者の責任 5.1 経営者のコミットメント	4.2 持続的成功 4.1（組織の持続的成功のための運営管理）一般	7.5 製造及びサービス提供 7.5.1 製造及びサービス提供の管理 7.5.2 製造及びサービス提供に関するプロセスの妥当性確認 7.5.3 識別及びトレーサビリティ 7.5.4 顧客の所有物 7.5.5 製品の保存 7.6 監視機器及び測定機器の管理	7.2 プロセスの計画策定及び管理
5.2 顧客重視	4.4 利害関係者，ニーズ及び期待		
5.3 品質方針	5.1（戦略及び方針）一般 5.2 戦略及び方針の策定		
5.4 計画 5.4.1 品質目標 5.4.2 品質マネジメントシステムの計画	5.3.1（戦略及び方針の展開）一般 5.3.2 プロセス及び実践 5.3.3 展開	8 測定，分析及び改善 8.1 一般	8.1（監視，測定，分析及びレビュー）一般
5.5 責任，権限及びコミュニケーション 5.5.1 責任及び権限 5.5.2 管理責任者 5.5.3 内部コミュニケーション	7.3 プロセスの責任及び権限 5.4 戦略及び方針に関するコミュニケーション	8.2 監視及び測定 8.2.1 顧客満足 8.2.2 内部監査 8.2.3 プロセスの監視及び測定 8.2.4 製品の監視及び測定	8.3.1（測定）一般 8.3.3 内部監査 8.2 監視 8.3.2 主要パフォーマンス指標
5.6 マネジメントレビュー 5.6.1 一般 5.6.2 マネジメントレビューへのインプット 5.6.3 マネジメントレビューからのアウトプット	8.5 監視，測定及び分析から収集された情報のレビュー	8.3 不適合製品の管理 	– 8.3.4 自己評価 8.3.5 ベンチマーキング
6 資源の運用管理 6.1 資源の提供 6.2 人的資源 6.2.1 一般 6.2.2 力量，教育・訓練及び認識	6.1（資源の運用管理）一般 6.2 財務資源 6.3 組織の人々 6.3.1 組織の人々の運用管理 6.3.2 人々の力量 6.3.3 人々の参画及び動機付け	8.4 データの分析 8.5 改善 8.5.1 継続的改善	8.4 分析 9 改善，革新及び学習 9.1 一般 9.2 改善 9.3 革新 9.3.1 一般 9.3.2 適用 9.3.3 タイミング 9.3.4 プロセス 9.3.5 リスク
6.3 インフラストラクチャー 6.4 作業環境 – – – –	6.5 インフラストラクチャー 6.6 作業環境 6.7.1 知識，情報及び技術 一般 6.7.2 知識 6.7.3 情報 6.7.4 技術 6.8 天然資源	8.5.2 是正処置 8.5.3 予防処置	 9.4 学習

注） 本表は，9001 を箇条番号順に左欄に記述し，それに関連する 9004 を右欄に記述したので，9004 は箇条番号順になっていない。また，複数記述されているものもある。

表9 ISO 9004の注意すべき用語（1／2）

用 語	説 明
持続的成功 sustained success	・組織自らの**目標**を，<u>長期</u>にわたり達成し維持する組織の能力がもたらす状態（3.1） ・持続的成功は，**組織環境**の認識，**学習**並びに**改善及び／又は革新**の適切な適用による，組織の効果的な運営管理によって達成できる．（序文）
組織環境 organizations environment	・組織の**目標**の達成，及び**利害関係者**に対する組織の行動様式に影響を及ぼし得る<u>内的</u>及び<u>外的</u>な要因及び条件の組み合わせ（3.2）
自己評価 self-assess	・自己評価は，リーダーシップ，戦略，マネジメントシステム，資源及びプロセスをカバーし，その**強み・弱み**並びに**改善及び／又は革新**の機会を特定するためのものである．（序文） ・自己評価は，組織の成熟度に関する，組織の活動及びパフォーマンスの包括的及び体系的レビューである．（8.3.4）
利害関係者 interested parties	・利害関係者とは，組織に付加価値をもたらす，若しくは組織の活動に利害関係をもつ，又は組織の活動によって影響を受ける個人及びその他の主体である．（4.4）①を参照
ミッション mission ビジョン vision	・この規格において，"ミッション"とは，なぜ組織が<u>存在</u>しているかの記述であり，"ビジョン"とは，組織の望ましい状態，すなわち，組織がどうありたいか，また，組織がその**利害関係者**によってどのように受け止められたいかについての記述である．（5.1注記）
戦略 strategy	・"戦略"とは，特に長期にわたって，**目標**を達成するために論理的に構成された計画又は方法を意味する．（5.2注記）
資源 resource	・資源（設備，施設，材料，エネルギー，知識，**財務**，人々など）を効果的かつ効率的に利用することを確実にするために，組織は，これらの資源の提供，配分，監視，評価，最適化，維持及び保護を行うためのプロセスを備えておくことが必要である．（6.1）
財務資源 financial resources	・財務資源は，現金，証券，貸付，その他の金融商品などの多くの異なる形態をとることができる．（6.2）
パートナ partners	・パートナは，製品の供給者，サービスの提供者，技術機関及び金融機関，政府及び非政府組織又はその他の**利害関係者**であり得る．（6.4.1） ・パートナとは，パートナシップ契約で合意され，定められる範囲で，あらゆる種類の**資源**に関して貢献し得るものである．（6.4.1）
主要パフォーマンス指標 key performance indicators	・組織の管理下にある，組織の 持続的成功 にとって必要不可欠な要因は，パフォーマンスの測定の対象とし，主要パフォーマンス指標（KPI）として定義することが望ましい（8.3.2）
ベンチマーキング benchmarking	・ベンチマーキングは，組織が，パフォーマンスを改善することを目的として，組織内外のベストプラクティスを模索するために利用することができる測定及び分析の手法である．（8.3.5）
改善，革新，学習 improvement, innovation, learning	(9) ②③を参照

※ JIS Q 9004:2010 より引用．

表10 ISO 9004の注意すべき用語（2／2）

① 利害関係者並びにそのニーズ及び期待の例（表1）

利害関係者	ニーズ及び期待
顧客	製品の品質，価格及び納期
オーナ／株主	持続的な収益性 透明性
組織の人々	良好な作業環境 雇用の安定 表彰及び報奨
供給者及びパートナ	相互の便益及び関係の継続性
社会	環境保護 倫理的な行動 法令・規制要求事項の順守

・注記　多くの組織が，利害関係者について，同じような表現（顧客，オーナ／株主，供給者及びパートナ，組織の人々）を用いているが，それらの区分の仕方は，時代とともに，又，組織，業種，国家及び文化によって大きく異なることがある．

② 改善，革新及び学習（9）

項目	適用対象の例
改善（現在）	・製品 ・プロセス及びそれらのインタフェース ・組織構造
革新（将来）	・マネジメントシステム ・人的側面及び文化
学習（上記の基礎）	・インフラストラクチャー，作業環境及び技術 ・該当する利害関係者との関係

③ 学習（9.4）

学習の種類	考慮すべきこと
組織としての学習	・成功事例及び失敗事例を含む内外の様々な事象並びに発信源から情報を収集する． ・収集された情報の徹底的な分析を通して洞察を得る．
個人の能力を組織の能力へ統合する学習	・ミッション，ビジョン及び戦略に基づく組織の価値基準 ・学習の支援活動及びトップマネジメントの行動によって示されるリーダーシップ ・組織の内外におけるネットワーク作り，人々のつながり，知識の相互作用及び共有の促進 ・学習及び知識の共有のためのシステムを維持する． ・学習及び知識の共有のためのプロセスを通じた人々の力量の改善を認め，支持し，表彰する ・創造性を認め，組織の異なる人々の多様な意見を尊重する．

※ JIS Q 9004:2010 より引用．

表11 主要要素の自己評価－主要要素に対する成熟度レベル

主要要素	成熟度レベル				
	レベル1	レベル2	レベル3	レベル4	レベル5
4 運営管理の重点（運営管理）	製品，株主及び一部の顧客に重点を置いている．変化，問題及び機会に対するその場かぎりの対応．	顧客及び法令・規制要求事項にも重点を置いている．問題及び機会に対する多少系統立てられた対応．	組織の人々及び一部の追加されるべきその他の利害関係者にも重点を置いている．問題及び機会に適切に対応するようにプロセスが決定され，実施されている．	特定された利害関係者のニーズのバランスを取ることにも重点を置いている．組織の重点施策の一つとして，継続的改善が取り上げられている．	新たな利害関係者のニーズのバランスを取ることにも重点が置かれている．クラス最高レベルのパフォーマンスが，最優先達成課題として設定されている．
4 リーダーシップのアプローチ（運営管理）	反応型であり，基本的にトップダウンに基づいて行われている．	依然として反応型であるが，様々な階層の管理者による決定に留意し，行われている．	前向きであり，権限委譲されている．	前向きであるに加え，その意思決定においては，組織の人々が深く関与している．	前向きで，かつ，学習を重視しており，あらゆる階層の人々に適切に権限委譲がなされている．
5 重要事項決定の際の考慮事項（戦略及び方針）	市場及びその他の情報源からの非公式な情報．	顧客のニーズ及び期待．	戦略並びに利害関係者のニーズ及び期待．	戦略の必要な運営要素及びプロセスへの展開．	柔軟性，迅速性及び持続的なパフォーマンス．
6 結果を出すために必要な資源の管理方法（資源）	その場限りの運用管理．	効果的な運用管理．	効果的かつ効率的な運用管理．	効果的かつ効率的であるに加え，資源の不足を考慮した運用管理．	資源の運用管理及び利用は，計画的であり，効果的かつ効率的に展開され，利害関係者を満足させている．

注記 現在の成熟度レベルは，レベル1から順に確認し，それまでのレベルの要素すべてが満たされた最上位のレベルである．

※ JIS Q 9004:2010 表A.1より抜粋．

18 ISO 9004：2009 の適用

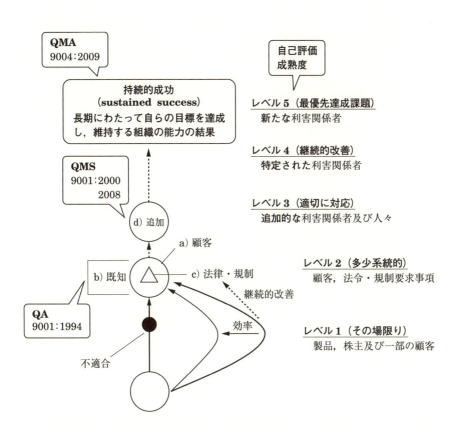

QMA	ISO 9004 :2009	組織の持続的成功のための運営管理 ― 品質マネジメントアプローチ Managing for the sustained success of an organization ― A **q**uality **m**anagement **a**pproach
QMS	ISO 9001 :2000／2008	品質マネジメントシステム ― 要求事項 **Q**uality **M**anagement **S**ystem ― Requirements
QA	ISO 9001 :1994	品質システム ― 設計，開発，製造，据付け及び付帯サービスにおける品質保証モデル Quality Systems ― Model for **q**uality **a**ssurance in design, development, production, installation and servicing

図16　ISO 9001 と ISO 9004 の関係

することを意味している．将来的にどこまで改善し革新までつなげるかは，組織の経営戦略に関係してくる．

9004を理解していれば，2015年版に取り組むことは，極めて容易になるので，ぜひとも9004を活用していただきたい．

19 ISOと日本の文化

ISOは，トップが定めた方針に基づいて，目標を定め，実施計画を作成し，各自の役割を定めて実行し，その結果を評価し，次の改善を行う，トップダウンのシステムである．日本では，組織が会社のためになる人材を育成し，現場の作業者が自ら改善項目を提案し，それを実現するボトムアップの組織が多い．日本の組織がISOを採用する場合，この文化の違いを考慮することが重要であることは言うまでもない．

ISO 9001:2015
(JIS Q 9001:2015)
の概要

3章

3章 ISO 9001:2015（JIS Q 9001:2015）の概要

01 はじめに

　本章では，ISO 9001:2008（旧規格）から ISO 9001:2015（改訂版）への主な変更内容の概要を記述する．規格改訂は，下記の5つの設計仕様書に従って行われた．

■規格改訂の5つの設計仕様書
　①適合製品の提供能力に関する信頼を向上させる．
　②あらゆる組織に適用可能な規格とする．
　③ISO 9001:2008の箇条1のスコープ（適用範囲）は変更しない．
　④附属書SL（共通テキスト）を適用する．
　⑤プロセスアプローチの理解向上を図る．

　2015年版と2008年版の詳細比較は，**4章**に記載しているので，該当箇所を参照しながら本章を読んでいただきたい．

02 適用範囲

　2015年版の「1　適用範囲」には，以下のように記載されており，2008年版とほぼ同じ内容となっている．

> ・この規格は，組織が次の二つの事項の両方に該当する場合の，品質マネジメントシステムに関する要求事項について規定する．
> 　a）顧客要求事項及び適用される法令・規制要求事項を満たした製品及びサービスを一貫して提供する能力をもつことを実証する必要がある場合
> 　b）品質マネジメントシステムの改善のプロセスを含むシステムの効果的な適用，並びに顧客要求事項及び適用される法令・規制要求事項への適合の保証を通して，顧客満足の向上を目指す場合

　これを簡単に示すと下記のとおりとなり，これが箇条4.1に示す「意図した結果」に含まれていると考えられる．
　a）QA（品質保証）
　b）顧客満足の向上

　ここで，「顧客満足」の定義が次のように，変更されていることに注目してい

ただきたい．

> ・2008年版：顧客の要求事項が満たされている程度に関する顧客の受け止め方．（JIS Q 9000:2008　3.1.4）
> ↓
> ・2015年版：顧客の期待が満たされている程度に関する顧客の受け止め方．（JIS Q 9000:2015　3.9.2）

顧客の要求事項だけでなく，顧客の期待が満たされていることを要求しており，顧客満足の内容が拡大されている．

なお，2008年版の**序文**に記載されていた「認証機関（certification bodies）」という言葉は，2015年版では削除されている．

> ・2008年版：組織自身が内部で評価するためにも，認証機関を含む外部機関が評価するためにも使用することができる．
> ↓
> ・2015年版：内部及び外部の関係者がこの規格を使用することができる．

認証機関は，外部の関係者（external parties）に含まれると解釈すべきであろう．いずれにしても2015年版は組織自身のための規格であることがより強調されてきたといえる．

03　ISO 9001:2015の要求項目

2008年版と2015年版の目次比較を　表1　に示す．「**Annex SL Appendix2**」と同じ箇条を太字で示しており，それ以外は9001独自の要求項目として追加された箇条である．

今回の改訂で，2008年版に追加またはより強化された主な要求項目は次のとおりである．

- 組織及びその状況の理解（4.1）：追加
- 利害関係者のニーズ及び期待の理解（4.2）：追加
- 品質マネジメントシステム及びそのプロセス（4.4）：強化
- リーダーシップ及びコミットメント（5.1）：強化
- リスク及び機会への取組み（6.1）：追加

3章 ISO 9001:2015 (JIS Q 9001:2015) の概要

表1 新旧規格の目次比較

JIS Q 9001:2015	JIS Q 9001:2008
1 適用範囲	1 適用範囲 1.1 一般 1.2 適用
2 引用規格	2 引用規格
3 用語及び定義	3 用語及び定義
4 組織の状況 4.1 組織及びその状況の理解	
4.2 利害関係者のニーズ及び期待の理解	
4.3 品質マネジメントシステムの適用範囲の決定	1.2 適用
4.4 品質マネジメントシステム及びそのプロセス	4 品質マネジメントシステム 4.1 一般要求事項
5 リーダーシップ 5.1 リーダーシップ及びコミットメント 5.1.1 一般	5 経営者の責任 5.1 経営者のコミットメント
5.1.2 顧客重視	5.2 顧客重視
5.2 方針 5.2.1 品質方針の確立 5.2.2 品質方針の伝達	5.3 品質方針
5.3 組織の役割、責任及び権限	5.5 責任,権限及びコミュニケーション 5.5.1 責任及び権限 5.5.2 管理責任者
6 計画 6.1 リスク及び機会への取組み	5.4 計画
6.2 品質目標及びそれを達成するための計画策定	5.4.1 品質目標 5.4.2 品質マネジメントシステムの計画
6.3 変更の計画	5.4.2 品質マネジメントシステムの計画
7 支援 7.1 資源 7.1.1 一般 7.1.2 人々	6 資源の運用管理 6.1 資源の提供
7.1.3 インフラストラクチャ	6.3 インフラストラクチャー
7.1.4 プロセスの運用に関する環境	6.4 作業環境
7.1.5 監視及び測定のための資源 7.1.5.1 一般 7.1.5.2 測定のトレーサビリティ	7.6 監視機器及び測定機器の管理
7.1.6 組織の知識	

7.2　力量 7.3　認識	6.2　人的資源 6.2.1　一般 6.2.2　力量，教育・訓練及び認識
7.4　コミュニケーション	5.5.3　内部コミュニケーション
7.5　文書化した情報 7.5.1　一般 7.5.2　作成及び更新 7.5.3　文書化した情報の管理	4.2　文書化に関する要求事項 4.2.1　一般 4.2.2　品質マニュアル 4.2.3　文書管理 4.2.4　記録の管理
8　運用 8.1　運用の計画及び管理	7　製品実現 7.1　製品実現の計画
8.2　製品及びサービスに関する要求事項 8.2.1　顧客とのコミュニケーション	7.2　顧客関連のプロセス 7.2.3　顧客とのコミュニケーション
8.2.2　製品及びサービスに関する要求事項の明確化 8.2.3　製品及びサービスに関する要求事項のレビュー 8.2.4　製品及びサービスに関する要求事項の変更	7.2.1　製品に関連する要求事項の明確化 7.2.2　製品に関連する要求事項のレビュー
8.3　製品及びサービスの設計・開発 8.3.1　一般	7.3　設計・開発
8.3.2　設計・開発の計画	7.3.1　設計・開発の計画
8.3.3　設計・開発へのインプット	7.3.2　設計・開発へのインプット
8.3.4　設計・開発の管理	7.3.4　設計・開発のレビュー 7.3.5　設計・開発の検証 7.3.6　設計・開発の妥当性確認
8.3.5　設計・開発からのアウトプット	7.3.3　設計・開発からのアウトプット
8.3.6　設計・開発の変更	7.3.7　設計・開発の変更管理
8.4　外部から提供されるプロセス，製品及びサービスの管理 8.4.1　一般	7.4　購買 7.4.1　購買プロセス
8.4.2　管理の方式及び程度	7.4.1　購買プロセス 7.4.3　購買製品の検証
8.4.3　外部提供者に対する情報	7.4.2　購買情報 7.4.3　購買製品の検証
8.5　製造及びサービス提供 8.5.1　製造及びサービス提供の管理	7.5　製造及びサービス提供 7.5.1　製造及びサービス提供の管理 7.5.2　製造及びサービス提供に関するプロセスの妥当性確認
8.5.2　識別及びトレーサビリティ	7.5.3　識別及びトレーサビリティ
8.5.3　顧客又は外部提供者の所有物	7.5.4　顧客の所有物

8.5.4　保存	7.5.5　製品の保存
8.5.5　引渡し後の活動	7.2.1　製品に関連する要求事項の明確化（7.2.1a／7.2.1注記） 7.5.1　製造及びサービス提供の管理（7.5.1f）
8.5.6　変更の管理	
8.6　製品及びサービスのリリース	8.2.4　製品の監視及び測定
8.7　不適合なアウトプットの管理	8.3　不適合製品の管理
9　パフォーマンス評価 9.1　監視，測定，分析及び評価 9.1.1　一般	8.　測定，分析及び改善 8.1　一般 8.2　監視及び測定 8.2.3　プロセスの監視及び測定 8.2.4　製品の監視及び測定
9.1.2　顧客満足	8.2.1　顧客満足
9.1.3　分析及び評価	8　測定，分析及び改善 8.4　データの分析
9.2　内部監査	8.2.2　内部監査
9.3　マネジメントレビュー 9.3.1　一般	5.6　マネジメントレビュー 5.6.1　一般
9.3.2　マネジメントレビューへのインプット	5.6.2　マネジメントレビューへのインプット
9.3.3　マネジメントレビューからのアウトプット	5.6.1　一般 5.6.3　マネジメントレビューからのアウトプット
10　改善 10.1　一般	
10.2　不適合及び是正処置	8.5.2　是正処置
10.3　継続的改善	8.5　改善 8.5.1　継続的改善
	8.5.3　予防処置

・パフォーマンス評価（9）：強化

　箇条4～10の要求項目を図式化したものを 図1 に示す．追加または強化された箇条に「＊印」を付け，各箇条の中に引用されている他の関連箇条を（　）内に示した．各々の箇条は他の箇条と複雑に関連しているので，線や矢印で整理している．この図は，**2章** の 図1 と同じ形式でまとめてあるので，両者を比較して見ていただきたい．上段の計画段階に追加された箇条が集中していることがわかる．中段の運用，評価及び改善は分離せずにひとまとめにした．

03　ISO 9001:2015 の要求項目

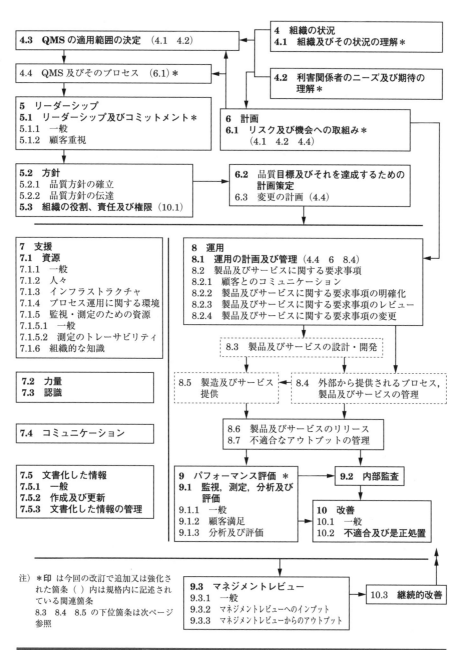

図1　ISO 9001:2015 の要求事項の図解

3章 ISO 9001:2015（JIS Q 9001:2015）の概要

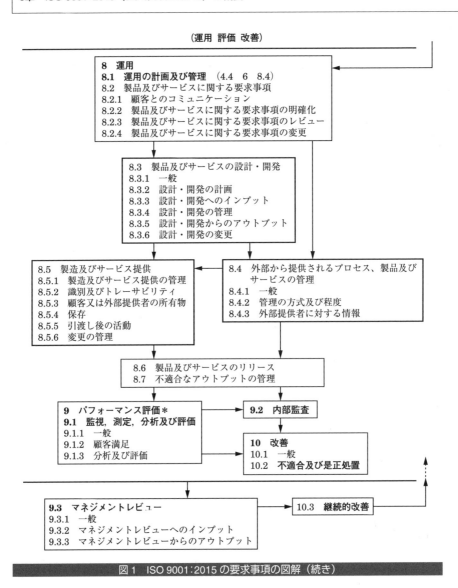

図1　ISO 9001:2015 の要求事項の図解（続き）

この図をもとに，以降，2015年版の概要を解説していく．

04　プロセスアプローチの適用向上

　2015年版の「序文」に，下記のとおり，プロセスアプローチの適用向上が記述されており，「箇条4.4」を確実に確立し，実施し，維持し，かつ，継続的に改善することが求められている．

> ・この規格は，顧客要求事項を満たすことによって顧客満足を**向上**させるために，品質マネジメントシステムを構築し，実施し，その品質マネジメントシステムの有効性を**改善**する際に，プロセスアプローチを採用することを促進する．
> ・プロセスアプローチの採用に不可欠と考えられる特定の要求事項を **4.4** に規定している．

　プロセスアプローチについては，**2章**の**9節**でも述べているが，ここで，もう少し詳しく解説する．プロセスとマネジメントシステムとの関係を図式化したものを 図2 に示す．プロセスとマネジメントシステムの定義は下記のとおりとなっている．

> ・プロセス　　　　　　：インプットを使用して意図した結果を生み出す，相互に関連する又は相互に作用する一連の活動．
> ・マネジメントシステム：方針及び目標，並びにその目標を達成するための**プロセス**を確立するための，相互に関連する又は相互に作用する，組織の一連の要素 (elements)．

　トップマネジメントが策定した品質方針及び品質目標を達成するために，プロセスを確立し，システムの中で運用することが求められている．そこで，組織の各活動で生じるインプットとアウトプットを明確にし，その流れを整理する必要がある．この時，製品及びサービスの流れだけでなく，情報の流れも確実に整理することが重要である．このシステムをより確実に運用するための要求事項をまとめたものが今回発行された2015年版である．

　2015年版の要求事項とPDCAの関係を整理し， 図3 に示す．システム全体のPDCAと，個別の製品及びサービスを提供するためのpdcaがあることがわかる．

　これらのPDCA（pdca）をうまく回し，継続的改善を達成するために，リス

クに基づく考え方を組み込むことが新しく要求された．図3 で，「●印」が付されている箇条にリスクに関する要求事項が記載されている．

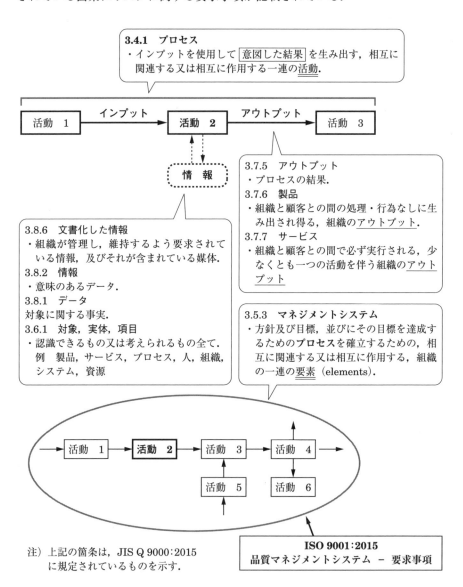

図2　プロセスとマネジメントシステム

04 プロセスアプローチの適用向上

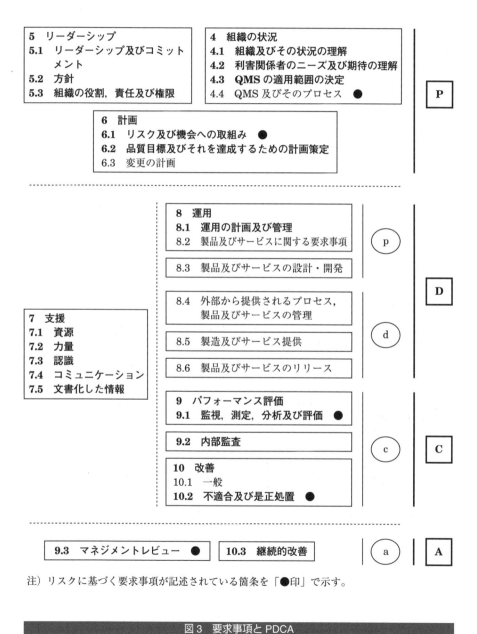

図3 要求事項とPDCA

3章 ISO 9001：2015（JIS Q 9001：2015）の概要

05 リスクに基づく考え方

　リスクの定義を 表2 に，これを分析して図式化したものを 図4 に示す．これらを参照しながら，リスクとマネジメントシステムとの関連を考察すると次のとおりとなる．

- リスクの定義は「不確かさの影響」である．
- この「影響」は期待されていることから，好ましい方向又は好ましくない方向に乖離（かいり）することをいう．

表2　リスクの定義

JIS Q 9000：2015　3.7.9　リスク（**risk**）
- 不確かさの影響．
- 注記1　影響 とは，期待されていることから，好ましい方向又は好ましくない方向にかい（乖）離することをいう．
- 注記2　不確かさ とは，事象，その結果又はその起こりやすさに関する，情報（3.8.2），理解又は知識に，たとえ部分的にでも不備がある状態をいう．
- 注記3　リスクは，起こり得る事象（JIS Q 0073：2010 の 3.5.1.3 の定義を参照）及び結果（JIS Q 0073：2010 の 3.6.1.3 の定義を参照），又はこれらの組合せについて述べることによって，その特徴を示すことが多い．
- 注記4　リスクは，ある事象（その周辺状況の変化を含む．）の結果とその発生の起こりやすさ（JIS Q 0073：2010 の 3.6.1.1 の定義を参照）との組合せとして表現されることが多い．
- 注記5　"リスク"という言葉は，好ましくない結果にしかならない可能性の場合に使われることがある．

事象（event） JIS Q 0073：2010 の 3.5.1.3	起こりやすさ（likelihood） JIS Q 0073：2010 の 3.6.1.1	結果（consequence） JIS Q 0073：2010 の 3.6.1.3
・ある一連の周辺状況の出現又は変化 ・注記1　事象は，発生が一度以上あることがあり，幾つかの原因をもつことがある． ・注記2　事象は，何らかが起こらないことを含むことがある． ・注記3　事象は，"事態"又は"事故"と呼ばれることがある． ・注記4　結果（3.6.1.3）にまで至らない事象は，"ニアミス"，"事態"，"ヒヤリハット"又は"間一髪"と呼ばれることがある．	・何かが起こる可能性 ・注記　リスクマネジメント用語において，何かが起こる可能性を表すには，その明確化，測定又は決定が客観的か若しくは主観的か，又は定性的か若しくは定量的かを問わず，"起こりやすさ"という言葉を使用する．また，"起こりやすさ"は，一般的な用語を用いて示すか，又は数学的に示す{例えば，発生確率（3.6.1.4），所定期間内の頻度（3.6.1.5）など}．	・目的に影響を与える事象（3.5.1.3）の結末 ・注記1　一つの事象が，様々な結果につながることがある． ・注記2　結果は，確かなことも不確かなこともあり，目的に対して好ましい影響又は好ましくない影響を与えることもある． ・注記3　結果は，定性的にも定量的にも表現されることがある． ・注記4　初期の結果が，連鎖によって，段階的に増大することがある．

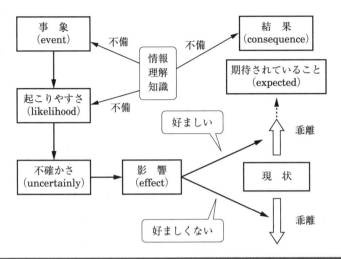

図4　リスクの定義の図式化

- マネジメントシステムを見直すタイミングが「機会」である．
- 組織の内外に起きる変更が「事象」である．
- 組織はこの事象の「起こりやすさ」を分析する．
- この分析をするためには，「情報，理解，知識」が不可欠である．
- 組織が目指す「期待されていること」を達成するために，「不確かさの影響」を考慮する．
- 好ましい方向へ向かうようにマネジメントシステムを変更する．
- 場合によっては，現状よりも悪くなることもあるので注意を要する．

2015年版で，リスクについて記述されている箇条を図式化したものを 図5 に示す．これをもとに，2015年版でのリスクの適用を分析すると以下のとおりになる．

- この規格が期待している最も重要なものは，「適用範囲（1）」に，記載されている下記の2つである．
    ① QA（品質保証）
    ② 顧客満足の向上
- この2つの期待を達成するためには，下記の箇条で，「リスク及び機会」を考慮することを要求している．
    - 品質マネジメントシステム及びそのプロセス（4.4）

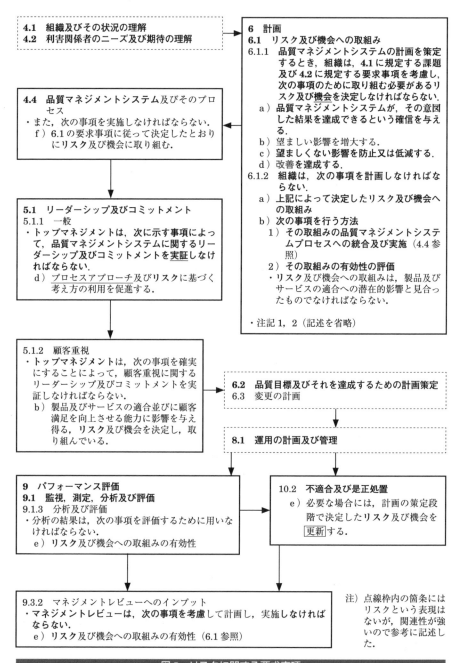

図5　リスクに関する要求事項

- リーダーシップ及びコミットメント（5.1）
- リスク及び機会への取組み（6.1）
- 監視，測定，分析及び評価（9.1）
- 不適合及び是正処置（10.2）
- マネジメントレビュー（9.3）

・これらの要求事項を確実に運用するために，「組織及びその状況の理解（4.1）」で要求されている外部及び内部の課題及び「利害関係者のニーズ及び期待の理解（4.2）」を確実に調査し，「品質目標及びそれを達成するための計画策定（6.2）」に確実に反映することが要求されている．

・この計画は，組織の中長期計画を示しており，事業プロセスと統合して策定及び見直しをする必要がある．

・この中長期計画を基に，個別製品の「運用の計画及び管理（8.1）」へと展開し，現場で実際の作業に反映されることになる．

・計画どおり達成されたものは，維持状態で管理を続けることになるが，外部及び内部の課題の変化や，リスクの考慮不足などにより，さらなる改善を要求されることもある．

なお，2015年版の**附属書A（参考）**の（A.4 リスクに基づくアプローチ）には，下記のとおりに記述されているので，これを参考にリスクについて検討していただきたい．

- **6.1** は，組織が**リスク**への取組みを計画しなければならないことを規定しているが，リスクマネジメントのための厳密な方法又は文書化したリスクマネジメントプロセスは要求していない．

06　組織及びその状況の理解（4.1）

組織は，外部及び内部の課題を明確にすることが要求されている．課題の例としては，下記が考えられる．

- 外部：国際情勢の変化，法規制の変更，顧客要求の変化，技術の進歩，情報システムの進歩，競合他社の動向，外部資源の入手，気候変動，自然災害，生物多様性
- 内部：組織の経営戦略，資金，活動・製品・サービスの変化，人員の能力，技術，インフラ，情報システム

3章 ISO 9001:2015（JIS Q 9001:2015）の概要

4.3 品質マネジメントシステムの適用範囲の決定
・組織は，品質マネジメントシステムの適用範囲を定めるために，その境界及び適用可能性を決定しなければならない．
・この適用範囲を決定するとき，組織は，次の事項を考慮しなければならない．
　a）4.1 に規定する外部及び内部の課題

4 組織の状況
4.1 組織及びその状況の理解
・組織は，組織の目的及び戦略的な方向性に関連し，かつ，その品質マネジメントシステムの意図した結果を達成する組織の能力に影響を与える，外部及び内部の課題を明確にしなければならない．
・組織は，これらの外部及び内部の課題に関する情報を監視し，レビューしなければならない．
・注記1　課題には，考慮の対象となる，好ましい要因又は状態，及び好ましくない要因又は状態が含まれ得る．
・注記2　外部の状況の理解は，国際，国内，地方又は地域を問わず，法令，技術，競争，市場，文化，社会及び経済の環境から生じる課題を検討することによって容易になり得る．
・注記3　内部の状況の理解は，組織の価値観，文化，知識及びパフォーマンスに関する課題を検討することによって容易になり得る．

6 計画
6.1 リスク及び機会への取組み
6.1.1 品質マネジメントシステムの計画を策定するとき，組織は，4.1 に規定する課題及び 4.2 に規定する要求事項を考慮し，次の事項のために取り組む必要があるリスク及び機会を決定しなければならない．

6.2 品質目標及びそれを達成するための計画策定
6.3 変更の計画

9.3 マネジメントレビュー
9.3.2 マネジメントレビューへのインプット
・マネジメントレビューは，次の事項を考慮して計画し，実施しなければならない．
　b）品質マネジメントシステムに関連する外部及び内部の課題の変化

意図した結果とは右記の a），b）を満足することを含む

注）点線枠内の箇条には課題という表現はないが，関連性が強いので参考に記述した．

4.2 利害関係者のニーズ及び期待の理解
・次の事項は，顧客要求事項及び適用される法令・規制要求事項を満たした製品及びサービスを一貫して提供する組織の能力に影響又は潜在的影響を与えるため，組織は，これらを明確にしなければならない．
　a）品質マネジメントシステムに密接に関連する利害関係者
　b）品質マネジメントシステムに密接に関連するそれらの利害関係者の要求事項
・組織は，これらの利害関係者及びその関連する要求事項に関する情報を監視し，レビューしなければならない．

1 適用範囲
・この規格は，次の場合の品質マネジメントシステムに関する要求事項について規定する．
　a）組織が，顧客要求事項及び適用される法令・規制要求事項を満たした製品及びサービスを一貫して提供する能力をもつことを実証する必要がある場合．
　b）組織が，品質マネジメントシステムの改善のプロセスを含むシステムの効果的な適用，並びに顧客要求事項及び適用される法令・規制要求事項への適合の保証を通して，顧客満足の向上を目指す場合．

図6　課題に関する要求事項

この「課題」に関連する箇条は下記のとおりであり，これを図式化して，図6 に示す．
- 適用範囲（1）
- 組織及びその状況の理解（4.1）
- 利害関係者のニーズ及び期待の理解（4.2）
- 品質マネジメントシステムの適用範囲の決定（4.3）
- リスク及び機会への取組み（6.1）
- マネジメントレビュー（9.3）

この図から，システムの流れを分析すると，下記のとおりとなる．
- 適用範囲に記載されている2つの「意図した結果」（QA及び顧客満足の向上）を達成するため，組織の外部及び内部の課題を決定する．
- この課題を考慮して，QMSの適用範囲を決定する．
- この課題と利害関係者のニーズ及び期待を考慮して，取り組みのための計画を策定する．
- この時，リスクを考慮し，不確かさの影響が出ないようにする．
- マネジメントレビューでこの課題の変化をレビューする．

07 利害関係者のニーズ及び期待の理解（4.2）

利害関係者という言葉は2008年版の要求事項には記述されていない．2008年版ではあくまでも顧客の要求事項を対象としており，利害関係者の要求事項は，ISO 9004で考慮すると，明確に分けられていた．この言葉が2015年版に突然記述されることになった．これは**Annex SL**（共通テキスト）の影響を受けてのことである．2015年版の利害関係者に関する記述を図式化して，図7 に示す．

利害関係者の定義は下記のとおりとなっている．
- ある決定事項若しくは活動に影響を与え得るか，その影響を受け得るか，又はその影響を受けると認識している，個人又は組織

その例として，下記のとおりに記述されている．
- 顧客，所有者，組織内の人々，供給者，銀行家，規制当局，パートナ，社会（競争相手又は対立する圧力団体を含むこともある．）

利害関係者が記述されている箇条は下記のとおりである．

3章 ISO 9001:2015（JIS Q 9001:2015）の概要

4.3 品質マネジメントシステムの適用範囲の決定
・組織は，品質マネジメントシステムの適用範囲を定めるために，その境界及び適用可能性を決定しなければならない．
・この適用範囲を決定するとき，組織は，次の事項を考慮しなければならない．
　a) 4.1 に規定する外部及び内部の課題
　b) 4.2 に規定する，密接に関連する利害関係者の要求事項

5.2 方針
5.2.2 品質方針の伝達
・品質方針は，次に示す事項を満たさなければならない．
　a) 文書化した情報 として利用可能な状態にされ，維持される．
　b) 組織内に伝達され，理解され，適用される．
　c) 必要に応じて，密接に関連する利害関係者が入手可能である．

8.3 製品及びサービスの設計・開発
8.3.2 設計・開発の計画
・設計・開発の段階及び管理を決定するに当たって，組織は，次の事項を考慮しなければならない．
　i) 顧客及びその他の密接に関連する利害関係者によって期待される，設計・開発プロセスの管理レベル

9.3 マネジメントレビュー
9.3.2 マネジメントレビューへのインプット
・マネジメントレビューは，次の事項を考慮して計画し，実施しなければならない．
　c) 次に示す傾向を含めた，品質マネジメントシステムのパフォーマンス及び有効性に関する情報
　　1) 顧客満足及び密接に関連する利害関係者からのフィードバック

4.2 利害関係者のニーズ及び期待の理解
・次の事項は，顧客要求事項及び適用される法令・規制要求事項を満たした製品及びサービスを一貫して提供する組織の能力に影響又は潜在的影響を与えるため，組織は，これらを明確にしなければならない．
　a) 品質マネジメントシステムに密接に関連する利害関係者
　b) 品質マネジメントシステムに密接に関連するそれらの利害関係者の要求事項
・組織は，これらの利害関係者及びその関連する要求事項に関する情報を監視し，レビューしなければならない．

附属書A（参考）
A.3 利害関係者のニーズ及び期待の理解
・4.2 は，組織が品質マネジメントシステムに密接に関連する利害関係者，及びそれらの利害関係者の要求事項を明確にするための要求事項を規定している．
・しかし，4.2 は，品質マネジメントシステム要求事項が，この規格の適用範囲を越えて拡大されることを意味しているのではない．
・適用範囲で規定しているように，この規格は，組織が顧客要求事項及び適用される法令・規制要求事項を満たした製品又はサービスを一貫して提供する能力をもつことを実証する必要がある場合，並びに顧客満足の向上を目指す場合に適用できる．
・この規格では，組織に対し，組織が自らの品質マネジメントシステムに密接に関連しないと決定した利害関係者を，考慮することは要求していない．
・密接に関連する利害関係者の特定の要求事項が自らの品質マネジメントシステムに密接に関連するかどうかを決定するのは，組織である．

定　義
3.2.3 利害関係者（interested party），ステークホルダー（stakeholder）
・ある決定事項若しくは活動に影響を与え得るか，その影響を受け得るか，又はその影響を受けると認識している，個人又は組織（3.2.1）．
　例　顧客（3.2.4），所有者，組織内の人々，提供者（3.2.5），銀行家，規制当局，組合，パートナ，社会（競争相手又は対立する圧力団体を含むこともある.）

図7　利害関係者に関する要求事項

・利害関係者のニーズ及び期待の理解（4.2）
・品質マネジメントシステムの適用範囲の決定（4.3）
・品質方針（5.2）
・製品及びサービスの設計・開発（8.3）
・マネジメントレビュー（9.3）

この利害関係者の要求事項を，組織はどこまで2015年版に折り込まなければならないのだろうか．ここで，**附属書A（参考）**の（A.3　利害関係者のニーズ及び期待の理解）を参照いただきたい．この記述を要約すると下記のとおりである．

①品質マネジメントシステムに密接に関連する利害関係者，及びそれらの利害関係者の要求事項を明確にするための要求事項を規定している．

②品質マネジメントシステム要求事項が，この規格の適用範囲を越えて拡大されることを意味しているのではない．

③組織が自らの品質マネジメントシステムに密接に関連しないと決定した利害関係者を，組織が考慮することを要求していない．

④密接に関連する利害関係者の特定の要求事項が自らの品質マネジメントシステムに密接に関連するかどうかを決定するのは，組織である．

つまり，利害関係者の要求事項は，上記を考慮して決定すればよい．例えば，市場型製品の場合は，直接の顧客は，エンドユーザとは限らないが，その要求事項も考慮に入れて決定すると考えればよい．

08　法令・規制要求事項

法令・規制要求事項が規定されている箇条を図式化して，図8 に示す．これが規定されている箇条は下記のとおりである．

①組織及びその状況の理解（4.1）
②利害関係者のニーズ及び期待の理解（4.2）
③リーダーシップ及びコミットメント（5.1）
④製品及びサービスに関する要求事項（8.2）
⑤製品及びサービスの設計・開発（8.3）
⑥外部から提供されるプロセス，製品及びサービスの管理（8.4）
⑦製造及びサービス提供（8.5）／引渡し後の活動（8.5.5）

上記の中で，2008年版で規定されているものは，③，④及び⑤であり，2015

3章 ISO 9001:2015（JIS Q 9001:2015）の概要

```
┌─────────────────────────────────┐      ┌─────────────────────────────────┐
│ 5  リーダーシップ                 │      │ 4  組織の状況                     │
│ 5.1 リーダーシップ及びコミットメント │      │ 4.1 組織及びその状況の理解         │
│ 5.1.2 顧客重視                    │◄─────│ ・注記2 外部の状況の理解は，国際，国 │
│ ・トップマネジメントは，次の事項を確実 │      │  内，地方又は地域を問わず，法令，技術，│
│  にすることによって，顧客重視に関する │      │  競争，市場，文化，社会及び経済の環境 │
│  リーダーシップ及びコミットメントを実 │      │  から生じる課題を検討することによって │
│  証しなければならない．              │      │  容易になり得る．                  │
│  a）顧客要求事項及び適用される法令・ │      └─────────────────────────────────┘
│    規制要求事項を明確にし，理解し， │      
│    一貫してそれを満たしている．     │◄─────┐
└─────────────────────────────────┘      │
                                          ┌─────────────────────────────────┐
                                          │ 4.2 利害関係者のニーズ及び期待の理解 │
                                          │ ・次の事項は，顧客要求事項及び適用される│
┌─────────────────────────────────┐      │  法令・規制要求事項を満たした製品及び │
│ 8.2 製品及びサービスの要求事項      │      │  サービスを一貫して提供する組織の能力 │
│ 8.2.2 製品及びサービスに関する要求事 │      │  に影響又は潜在的影響を与えるため，組織│
│    項の明確化                     │      │  は，これらを明確にしなければならない．│
│ ・顧客に提供する製品及びサービスに関す│      │  a）品質マネジメントシステムに密接に │
│  る要求事項を明確にするとき，組織は， │      │    関連する利害関係者              │
│  次の事項を確実にしなければならない． │      │  b）品質マネジメントシステムに密接に │
│  a）次の事項を含む，製品及びサービス │      │    関連するそれらの利害関係者の要求 │
│    の要求事項が定められている．     │      │    事項                          │
│    1）適用される法令・規制要求事項  │      └─────────────────────────────────┘
│ 8.2.3 製品及びサービスに関する要求事 │      
│    項のレビュー                   │      ┌─────────────────────────────────┐
│ ・組織は，製品及びサービスを顧客に提供│      │ 8.3 製品及びサービスの設計・開発    │
│  することをコミットメントする前に，次 │      │ 8.3.3 設計・開発へのインプット      │
│  の事項を含め，レビューを行わなければ │      │ ・組織は，設計・開発する特定の種類の製 │
│  ならない．                       │─────►│  品及びサービスに不可欠な要求事項を明 │
│  d）製品及びサービスに適用される法 │      │  確にしなければならない．          │
│    令・規制要求事項               │      │ ・組織は，次の事項を考慮しなければなら │
└─────────────────────────────────┘      │  ない．                          │
                                          │  c）法令・規制要求事項             │
                                          └─────────────────────────────────┘

┌─────────────────────────────────┐      ┌─────────────────────────────────┐
│ 8.5 製造及びサービス提供          │      │ 8.4 外部から提供されるプロセス，製品及│
│ 8.5.5 引渡し後の活動              │      │  びサービスの管理                  │
│ ・要求される引渡し後の活動の程度を決定│      │ 8.4.2 管理の方式及び程度           │
│  するに当たって，組織は，次の事項を考 │      │ ・組織は，次の事項を行わなければならない．│
│  慮しなければならない．            │      │  c）次の事項を考慮に入れる．        │
│  a）法令・規制要求事項             │      │    1）外部から提供されるプロセス，製 │
└─────────────────────────────────┘      │      品及びサービスが，顧客要求事項 │
                                          │      及び適用される法令・規制要求事 │
                                          │      項を一貫して満たす組織の能力に │
                                          │      与える潜在的な影響           │
                                          └─────────────────────────────────┘
```

図8　法令・規制要求事項

年版ではさらに強化されている．①及び②で適用される法令・規制要求事項を調査して，組織のマネジメントシステムの中に組み込むことが必要である．さらに，⑥及び⑦についても適用される法令・規制要求事項を考慮することが追加された．

09 製品及びサービスに関する要求事項

2008年版では，「製品という用語は，サービスも合わせて意味する」と規定されていたが，今回の改訂で，「製品」と「サービス」が分けて定義され，下記のとおりに分類された．この2つの定義を比較してまとめたものを 表3 に示す．

表3　製品及びサービスの定義及びその例

製品及びサービス		例	定義及び注記
製　品	ハードウェア（有形）	・タイヤ（数えることができる）	・組織と顧客との間の処理・行為なしに生み出され得る，組織のアウトプット．
	素材製品（有形）	・燃料／清涼飲料水（その量は連続的な特性をもつ）	・注記　製品の製造は，提供者と顧客との間で行われる処理・行為なしでも達成されるが，顧客への引き渡しにおいては，提供者と顧客との間で行われる処理・行為のようなサービスの要素を伴う場合が多い．
	ソフトウェア（提供媒体にかかわらず，情報から構成される）	・コンピュータプログラム ・携帯電話のアプリケーション ・指示マニュアル ・辞書コンテンツ ・音楽の作曲著作権 ・運転免許	
サービス（無形）		・顧客支給の有形の製品（例　修理される車）に対して行う活動 ・顧客支給の無形の製品（例　納税申告に必要な収支情報）に対して行う活動 ・無形の製品の提供（例　知識伝達という意味での情報提供） ・顧客のための雰囲気作り（例　ホテル内，レストラン内）	・組織と顧客との間で必ず実行される，少なくとも一つの活動を伴う組織のアウトプット． ・注記　サービスは，サービスを提供するときに活動を伴うだけでなく，顧客とのインターフェースにおける，顧客要求事項を設定するための活動を伴うことが多く，また，銀行，会計事務所，公的機関（例　学校，病院）などのように継続的な関係を伴う場合が多い． ・注記　サービスは，一般に，顧客によって経験される．

※上表は，JIS Q 9000:2015の「3.7.6　製品（product）」及び「3.7.7　サービス（service）」に記述されている内容を抜粋して再編集した．

- 製品（ソフトウェア，素材製品，ハードウェア）
- サービス

したがって，2008年版で「製品」と記述されていたものは，2015年版では，「製品及びサービス」と記述されている．この規格を適用する組織は上記のいずれの業種に該当するのか，見極めて活用していただきたい．ある組織では，複数の業種を運用している場合がある．この場合は製品及びサービスが何であり，そのシステム上の顧客は誰であるのかを明確にしてこの規格を適用する必要がある．

では，製品及びサービスに関連する要求事項をどのようにして決定すればよいのだろうか．ここで，表4 を参照いただきたい．2008年版からの変更を図式化した．実際の活動の流れに従って項目の入替えが行われたため，極めて複雑に変化しているように見えるが，その内容は2008年版と大きな相違はない．表現を簡略化してその概要をまとめると下記のとおりとなる．

①要求事項の明確化
  a）下記を含む要求事項が定められている
    1）法令・規制要求事項
    2）組織が必要とみなすもの
  b）提供する製品及びサービスの主張を満たすことができる

②要求事項のレビュー
  a）顧客が規定した要求事項
  b）用途が既知であるもの
  c）組織が規定した要求事項
  d）法令・規制要求事項
  e）以前の提示と異なるもの

上記の①b）に規定されている「提供する製品及びサービスの主張を満たすことができる」は，2008年版のレビューの箇条に記述されていた「定められた要求事項を満たす能力をもっている」に相当するものであるが，もっと早い段階で明確にしておくように強化されている．法令・規制要求事項は特に重要なので，①及び②の両方に規定されている．2008年版で規定されていた「追加要求事項」は①a）2）の「組織が必要とみなすもの」及び，②c）の「組織が規定した要求事項」に含まれると考えられるが，追加（additional）という「＋の側面」のイメージが薄れているように思われる．

09 製品及びサービスに関する要求事項

表4 製品及びサービスに関する要求事項（新旧規格の比較）

JIS Q 9001:2015	JIS Q 9001:2008
8.2.2 製品及びサービスに関する要求事項の明確化 a）次の事項を含む，製品及びサービスの要求事項が定められている． 　1）適用される法令・規制要求事項 　2）組織が必要とみなすもの b）組織は，提供する製品及びサービスに関して主張していることを満たすことができる． （主張：claims）	7.2.1 製品に関連する要求事項の明確化 a）顧客が規定した要求事項．これには引渡し及び引渡し後の活動に関する要求事項を含む． b）顧客が明示してはいないが，指定された用途又は意図された用途が既知である場合，それらの用途に応じた要求事項 c）製品に適用される法令・規制要求事項 d）組織が必要と判断する追加要求事項すべて
8.2.3 製品及びサービスに関する要求事項のレビュー a）顧客が規定した要求事項．これには引渡し及び引渡し後の活動に関する要求事項を含む． b）顧客が明示してはいないが，指定された用途又は意図された用途が既知である場合，それらの用途に応じた要求事項 c）組織が規定した要求事項 d）製品及びサービスに適用される法令・規制要求事項 e）以前に提示されたものと異なる，契約又は注文の要求事項	7.2.2 製品に関連する要求事項のレビュー a）製品要求事項が定められている． b）契約又は注文の要求事項が以前に提示されたものと異なる場合には，それについて解決されている． c）組織が，定められた要求事項を満たす能力をもっている． （能力：ability）

定義　JIS Q 9000:2015　3.6.4　要求事項（**requirement**）
- 明示されている，通常暗黙のうちに了解されている又は義務として要求されている，ニーズ又は期待．
- 注記1　"通常暗黙のうちに了解されている"とは，対象となるニーズ又は期待が暗黙のうちに了解されていることが，組織（3.2.1）及び利害関係者（3.2.3）にとって，慣習又は慣行であることを意味する．
- 注記2　規定要求事項とは，例えば，文書化した情報（3.8.6）の中で明示されている要求事項をいう．
- 注記3　（以下，省略）

10　評価に関する要求事項

　評価に関する要求事項が規定されている箇条は下記のとおりである．評価という表現が2008年版の該当する箇条に記述されていない箇条に「＊印」を付けた．これらを図式化してまとめたものを 図9 に示す．評価を要求している箇条が2008年版より極めて多くなり，かつ具体的に規定されていることに注目していただきたい．

- 品質マネジメントシステム及びそのプロセス（4.4）＊
- リスク及び機会への取組み（6.1）＊
- 品質目標及びそれを達成するための計画策定（6.2）＊
- 力量（7.2）
- 製品及びサービスの設計・開発（8.3）
- 外部から提供されるプロセス，製品及びサービスの管理（8.4）
- 監視，測定，分析及び評価（9.1）
- 不適合及び是正処置（10.2）
- 継続的改善（10.3）＊

これらを評価するために下記に示す分析結果を用いることを，「箇条9.1.3　分析及び評価」で規定している．

a）製品及びサービスの適合
b）顧客満足度
c）品質マネジメントシステムのパフォーマンス及び有効性
d）計画が効果的に実施されたかどうか．
e）リスク及び機会への取組みの有効性
f）外部提供者のパフォーマンス
g）品質マネジメントシステムの改善の必要性

さらに，下記に示す品質マネジメントシステムのパフォーマンス及び有効性に関する情報を，「箇条9.3.2　マネジメントレビューへのインプット」で規定している．

1）顧客満足及び密接に関連する利害関係者からのフィードバック
2）品質目標が満たされている程度
3）プロセスのパフォーマンス，並びに製品及びサービスの適合
4）不適合及び是正処置
5）監視及び測定の結果

10 評価に関する要求事項

4.4 品質マネジメントシステム及びそのプロセス
　g) これらのプロセスを 評価 し，これらのプロセスの 意図した結果 の達成を確実にするために必要な 変更 を実施する．

6　計画
6.1　リスク及び機会への取組み
6.1.2　組織は，次の事項を 計画 しなければならない．
　b) 次の事項を行う方法
　　2) その取組みの有効性の 評価

6.2　品質目標及びそれを達成するための計画策定
6.2.2　組織は，品質目標をどのように達成するかについて 計画 するとき，次の事項を決定しなければならない．
　e) 結果の 評価 方法

7.2　力量
・組織は，次の事項を行わなければならない．
　c) 該当する場合には，必ず，必要な力量を身に付けるための処置をとり，とった処置 の有効性を 評価 する．

9　パフォーマンス評価
9.1　監視，測定，分析及び評価
9.1.1　一般
・組織は，次の事項を決定しなければならない．
　a) 監視及び測定が必要な対象
　b) 妥当な結果を確実にするために必要な，監視，測定，分析及び 評価 の方法
　c) 監視及び測定の実施時期
　d) 監視及び測定の結果の，分析及び 評価 の時期
・組織は，品質マネジメントシステムの パフォーマンス 及び有効性を 評価 しなければならない．
・組織は，この結果の証拠として，適切な 文書化した情報 を保持しなければならない．

8.3　製品及びサービスの設計・開発
8.3.4　設計・開発の管理
・組織は，次の事項を確実にするために，設計・開発プロセスの管理を適用しなければならない．
　b) 設計・開発の結果の，要求事項を満たす能力を 評価 するために，レビュー を行う．

8.4　外部から提供されるプロセス，製品及びサービスの管理
8.4.1　一般
・組織は，要求事項に従ってプロセス又は製品・サービスを提供する **外部提供者** の能力に基づいて，**外部提供者** の 評価 ，選択， パフォーマンス の監視，及び 再評価 を行うための 基準 を決定し，適用しなければならない．

9.1.2　顧客満足
・組織は，顧客のニーズ及び期待が満たされている程度について，顧客がどのように受け止めているかを監視しなければならない．
・組織は，この 情報 の入手，監視及びレビューの方法を決定しなければならない．
・注記　顧客の受け止め方の監視には，例えば，顧客調査，提供した製品又はサービスに関する顧客からのフィードバック，顧客との会合，市場シェアの分析，顧客からの賛辞，補償請求及びディーラ報告が含まれ得る．

図9　評価に関する要求事項

9.1.3 分析及び評価

- 組織は，監視及び測定からの適切なデータ及び 情報 を分析し， 評価 しなければならない．
- 分析の結果は，次の事項を 評価 するために用いなければならない．
  - a）製品及びサービスの適合
  - b）顧客満足度
  - c）品質マネジメントシステムの パフォーマンス 及び有効性
  - d） 計画 が効果的に実施されたかどうか．
  - e）リスク及び機会への取組みの有効性
  - f）外部提供者の パフォーマンス
  - g）品質マネジメントシステムの改善の必要性
- 注記　データを分析する方法には，統計的手法が含まれ得る．

10　改善
10.2　不適合及び是正処置
10.2.1　苦情から生じたものを含め，不適合が発生した場合，組織は，次の事項を行わなければならない．
  - b）その不適合が再発又は 他のところで 発生しないようにするため，次の事項によって，その不適合の原因を除去するための 処置をとる必要性 を 評価 する．
    1）その不適合をレビューし，分析する．
    2）その不適合の原因を明確にする．
    3） 類似の不適合の有無，又はそれが発生する可能性を明確にする．

10.3　継続的改善
- 組織は，継続的改善の一環として取り組まなければならない必要性又は機会があるかどうかを明確にするために，分析及び 評価 の結果並びにマネジメントレビューからのアウトプットを検討しなければならない．

9.3　マネジメントレビュー
9.3.2　マネジメントレビューへのインプット
- マネジメントレビューは，次の事項を考慮して 計画 し，実施しなければならない．
  - a）前回までのマネジメントレビューの結果とった処置の状況
  - b）品質マネジメントシステムに関連する外部及び内部の課題の 変化
  - c）次に示す傾向を含めた，品質マネジメントシステムの パフォーマンス 及び有効性に関する 情報
    1）顧客満足及び密接に関連する利害関係者からのフィードバック
    2）品質目標が満たされている程度
    3）プロセス パフォーマンス ，並びに製品及びサービスの適合
    4）不適合及び是正処置
    5）監視及び測定の結果
    6）監査結果
    7）外部提供者の パフォーマンス
  - d）資源の妥当性
  - e）リスク及び機会への取組みの有効性（6.1 参照）
  - f）改善の機会

9.3.3　マネジメントレビューからのアウトプット
- マネジメントレビューからのアウトプットには，次の事項に関する決定及び処置を含めなければならない．
  - a）改善の機会
  - b）品質マネジメントシステムのあらゆる 変更 の必要性
  - c）資源の必要性
- 組織は，マネジメントレビューの結果の証拠として， 文書化した情報 を保持しなければならない．

注）点線枠内の箇条には**評価**という表現はないが，関連性が強いので参考に記述した．

図9　評価に関する要求事項（続き）

6) 監査結果
7) 外部提供者のパフォーマンス

上記に示した評価項目を組織のマネジメントシステムの中に的確に反映していただきたい．なお，上記の3）に規定されているプロセスのパフォーマンスがMPIで，製品及びサービスの適合がOPIに相当する（**2章6節　品質目標**を参照）．MPI及びOPIをパフォーマンス指標として評価されることをお勧めする．

11　改善

継続的改善の定義が下記のとおりに変更された．

> ・2008年版：要求事項を満たす能力を高めるために繰り返し行われる活動．
> 　↓
> ・2015年版：<u>パフォーマンスを向上</u>するために繰り返し行われる活動．
> 　（JIS Q 9000　3.3.2）

2015年版では，システムのみの改善ではなく，パフォーマンスそのものの向上が要求されており，2008年版より要求が強化されている．なお，2015年版では，改善と継続的改善を使い分けて規定されており，改善の定義は下記のとおりとなっている．

> ・パフォーマンスを向上するための活動．（JIS Q 9000　3.3.1）
> 　注記　活動は，繰り返し行われることも，又は一回限りであることもあり得る．

2015年版で，改善及び継続的改善が記述されている箇条をまとめて，図10に示す．これらが記述されている箇条は下記のとおりである．この中で，継続的改善が要求されている箇条に「＊印」を付した．

・品質マネジメントシステム及びそのプロセス（4.4）＊
・リーダーシップ及びコミットメント（5.1）
・方針（5.2）＊
・組織の役割，責任及び権限（5.3）
・リスク及び機会への取組み（6.1）
・資源（7.1）

4.4 品質マネジメントシステム及びその
プロセス
4.4.1 組織は，この規格の要求事項に従っ
て，必要なプロセス及びそれらの相互作
用を含む，品質マネジメントシステムを
確立し，実施し，維持し，かつ，継続的
に改善しなければならない．
・また，次の事項を実施しなければならな
い．
　h）これらのプロセス及び品質マネジメ
　　ントシステムを改善する．

5.1 リーダーシップ及びコミットメント
5.1.1 一般
・トップマネジメントは，次に示す事項に
よって，品質マネジメントシステムに関
するリーダーシップ及びコミットメント
を<u>実証</u>しなければならない．
　i）改善を促進する．

5.2 方針
5.2.1 品質方針の確立
・トップマネジメントは，次の事項を満た
す品質方針を確立し，実施し，維持しな
ければならない．
　d）品質マネジメントシステムの継続的
　　改善へのコミットメントを含む．

5.3 組織の役割，責任及び権限
・トップマネジメントは，次の事項に対し
て，責任及び権限を割り当てなければな
らない．
　c）品質マネジメントシステムのパフォー
　　マンス及び改善（10.1 参照）の機会を
　　特にトップマネジメントに報告する．

6.1 リスク及び機会への取組み
6.1.1 品質マネジメントシステムの計画
を策定するとき，組織は，4.1 に規定す
る課題及び 4.2 に規定する要求事項を考
慮し，次の事項のために取り組む必要が
あるリスク及び<u>機会</u>を決定しなければな
らない．
　d）改善を達成する．

9.1.3 分析及び評価
・分析の結果は，次の事項を評価するために
用いなければならない．
　g）品質マネジメントシステムの改善の必
　　要性

9.3.2 マネジメントレビューへのインプッ
ト
・マネジメントレビューは，次の事項を考慮
して計画し，実施しなければならない．
　f）改善の機会
9.3.3 マネジメントレビューからのアウト
プット
・マネジメントレビューからのアウトプット
には，次の事項に関する決定及び処置を含
めなければならない．
　a）改善の機会

10 改善
10.1 一般
・組織は，顧客要求事項を満たし，顧客満足を
向上させるために，改善の機会を明確にし，
選択しなければならず，また，必要な取組み
を実施しなければならない．
・これには，次の事項を含めなければならな
い．
　a）要求事項を満たすため，並びに<u>将来</u>の
　　ニーズ及び期待に取り組むための，製
　　品及びサービスの改善
　b）望ましくない影響の修正，防止又は低減
　c）品質マネジメントシステムの
　　<u>パフォーマンス</u>及び有効性の改善
・注記 改善には，例えば，修正，是正処置，
継続的改善，現状を打破する変更，革新及
び組織再編が含まれ得る．

10.3 継続的改善
・組織は，品質マネジメントシステムの適切
性，妥当性及び有効性を継続的に改善しな
ければならない．
・組織は，継続的改善の一環として取り組ま
なければならない必要性又は機会があるか
どうかを明確にするために，分析及び評価
の結果並びにマネジメントレビューからの
アウトプットを検討しなければならない．

図 10 改善に関する要求事項

- 監視，測定，分析及び評価（9.1）
- マネジメントレビュー（9.3）
- 改善（10）／一般（10.1）
- 継続的改善（10.3）＊

上記から，改善の流れを分析すると，次のとおりとなる．
- 組織の状況を分析し，組織の内部及び外部の課題を決定する．
- この課題から，改善項目を定め，これを達成するための品質マネジメントシステム及びそのプロセスの変更を行う．この改善は継続的に行うことが要求されている．

この時，これまでに改善した結果を維持しながら次の改善を行うことを前提とする．
- トップマネジメントが，改善項目を最終的に決定し，品質方針を設定する．

この活動も継続的に行うことが要求されている．
- トップマネジメントがこれを達成するための責任と権限を定め，指示をする．
- これを達成するための品質マネジメントシステムに関する計画を策定する．
- この時，リスク及び機会を検討する．例えば下記の検討をする．

　　　　リスク：変更により，どのような弊害が生じるか．

　　　　機会　：何時実行すれば一番効果があるか．
- 実行した結果を分析し，評価する．
- その結果をマネジメントレビューで評価し，次の改善項目を決定する．

マネジメントレビューでは，パフォーマンスが向上されていることを確認することが重要である．2015 年版の「箇条 9.3.2　マネジメントレビューのインプット」に考慮すべき「品質マネジメントシステムのパフォーマンス」が規定されているので，確実に実行していただきたい（**本章の「10．評価に関する要求事項」**を参照）．

12　変更に関する要求事項

変更に関する要求事項が規定されている箇条は下記のとおりである．変更という表現が 2008 年版の該当する箇条に記述されていない箇条に「＊印」を付した．これらを図式化してまとめたものを 図11 に示す．変更という表現が極め

3章 ISO 9001:2015（JIS Q 9001:2015）の概要

4.4 品質マネジメントシステム及びそのプロセス
4.4.1
　g）これらのプロセスを評価し，これらのプロセスの 意図した結果 の達成を確実にするために必要な 変更 を実施する．

5.3 組織の役割，責任及び権限
・トップマネジメントは，次の事項に対して，責任及び権限を割り当てなければならない．
　e）品質マネジメントシステムへの 変更 を計画し，実施する場合には，品質マネジメントシステムを完全に整っている状態（integrity）に維持することを確実にする．

6.2 品質目標及びそれを達成するための計画策定
・品質目標は，次の事項を満たさなければならない．
　g）必要に応じて， 更新 する．

6.3 変更の計画
・組織が品質マネジメントシステムの 変更 の必要性を決定したとき，その 変更 は，計画的な方法で行わなければならない（4.4参照）．
・組織は，次の事項を考慮しなければならない．
　a） 変更 の目的，及びそれによって起こり得る結果

7 支援／7.1 資源
7.1.6 組織の知識
・変化するニーズ及び傾向に取り組む場合，組織は，現在の知識を考慮し，必要な 追加 の知識及び要求される 更新 情報を得る方法又はそれらに アクセス する方法を決定しなければならない．

7.5 文書化した情報
7.5.2 作成及び更新
・文書化した情報を作成及び 更新 する際，組織は，次の事項を確実にしなければならない．
　a）適切な識別及び記述（例えば，タイトル，日付，作成者，参照番号）
　b）適切な形式（例えば，言語，ソフトウェアの版，図表）及び媒体（例えば，紙，電子媒体）
　c）適切性及び妥当性に関する，適切なレビュー及び承認

7.5.3 文書化した情報の管理
7.5.3.2 文書化した情報の管理に当たって，組織は，該当する場合には，必ず，次の行動に取り組まなければならない．
　c） 変更 の管理（例えば，版の管理）

8.1 運用の計画及び管理
・組織は，計画した 変更 を管理し，意図しない 変更 によって生じた結果をレビューし，必要に応じて，有害な影響を軽減する処置をとらなければならない．

8.2 製品及びサービスに関する要求事項
8.2.1 顧客とのコミュニケーション
・顧客とのコミュニケーションには，次の事項を含めなければならない．
　b）引合い，契約又は注文の処理．これらの 変更 を含む．

8.2.4 製品及びサービスに関する要求事項の変更
・製品及びサービスに関する要求事項が変更されたときには，組織は，関連する 文書化した情報 を 変更 することを確実にしなければならない．
・また， 変更 後の要求事項が，関連する人々に理解されていることを確実にしなければならない．

図11　変更に関する要求事項

12 変更に関する要求事項

```
8.3 製品及びサービスの設計・開発
8.3.6 設計・開発の変更
・組織は,要求事項への適合に悪影響を及ぼさないことを確実にするために
  必要な程度まで,製品及びサービスの設計・開発の間又はそれ以降に行わ
  れた 変更 を識別し,レビューし,管理しなければならない.
```

```
8.5 製造及びサービス提供
8.5.6 変更の管理
・組織は,製造又はサービス提供に関する 変更 を,要求事項への継続的な
  適合を確実にするために必要な程度まで,レビューし,管理しなければ
  ならない.
・組織は,変更のレビューの結果, 変更 を正式に許可した人(又は人々)
  及びレビューから生じた必要な処置を記載した, 文書化した情報 を保持
  しなければならない.
```

```
9.2 内部監査
9.2.2 組織は,次に示す事項を行わなければならない.
  a) 頻度,方法,責任,計画要求事項及び報告を含
     む,監査プログラムの 計画 ,確立,実施及び
     維持.
     監査プログラムは,関連するプロセスの重要性,
     組織に影響を及ぼす 変更 ,及び前回までの監
     査の結果を考慮に入れなければならない.
```

```
10.2 不適合及び是正処置
10.2.1
  e) 必要な場合には,計画
     の策定段階で決定した
     リスク及び機会を
     更新 する.
```

```
9.3 マネジメントレビュー
9.3.2 マネジメントレビューへのインプット
・マネジメントレビューは,次の事項を考慮して 計画 し,実施しなければ
  ならない.
  b) 品質マネジメントシステムに関連する外部及び内部の課題の 変化
9.3.3 マネジメントレビューからのアウトプット
・マネジメントレビューからのアウトプットには,次の事項に関する決定及
  び処置を含めなければならない.
  b) 品質マネジメントシステムのあらゆる 変更 の必要性
```

図 11 変更に関する要求事項(続き)

て多く使われていることに注目していただきたい．
- 品質マネジメントシステム及びそのプロセス（4.4）＊
- 組織の役割，責任及び権限（5.3）＊
- 品質目標及びそれを達成するための計画策定（6.2）＊
- 変更の計画（6.3）
- 資源（7.1）＊
- 文書化した情報（7.5）
- 運用の計画及び管理（8.1）＊
- 製品及びサービスに関する要求事項（8.2）
- 製品及びサービスの設計・開発（8.3）
- 製造及びサービス提供（8.5）＊
- 内部監査（9.2）＊
- マネジメントレビュー（9.3）
- 不適合及び是正処置（10.2）

これは，組織の内外の状況の変化を確実に捉え，的確にシステムに反映することを要求している．変更した内容で，文書化したものは，「箇条 7.5　文書化した情報」で，そうでないものは「箇条 7.4　コミュニケーション」の要求事項に従って確実に関連する部門及び階層へ周知すること．さらに，変更する場合は，リスク及び機会を考慮に入れることはいうまでもない．

13　トップマネジメントの役割

トップマネジメントの役割を記述した箇条は下記のとおりであり，その規格の要求事項をまとめて，図12 に示す．
- リーダーシップ及びコミットメント（5.1）
- 顧客重視（5.1.2）
- 方針（5.2）
- 組織の役割，責任及び権限（5.3）
- マネジメントレビュー（9.3）

この中で，追加されたものは箇条 5.1 の「リーダーシップ」という用語であるが，各箇条の内容も大幅に増加している．その主なもののキーワードを以下に示す．

5 リーダーシップ
5.1 リーダーシップ及びコミットメント
5.1.1 一般
・トップマネジメントは，次に示す事項によって，品質マネジメントシステムに関するリーダーシップ及びコミットメントを実証しなければならない．
  a) 品質マネジメントシステムの有効性に説明責任（accountability）を負う．
  b) 品質マネジメントシステムに関する品質方針及び品質目標を確立し，それらが組織の状況及び戦略的な方向性と両立することを確実にする．
  c) 組織の 事業プロセス への品質マネジメントシステム要求事項の統合を確実にする．
  d) プロセスアプローチ及びリスクに基づく考え方の利用を促進する．
  e) 品質マネジメントシステムに必要な資源が利用可能であることを確実にする．
  f) 有効な品質マネジメント及び品質マネジメントシステム要求事項への適合の重要性を伝達する．
  g) 品質マネジメントシステムがその意図した結果を達成することを確実にする．
  h) 品質マネジメントシステムの有効性に寄与するよう人々を積極的に参加させ，指揮し，支援する．
  i) 改善を促進する．
  j) その他の関連する管理層がその責任の領域においてリーダーシップを実証するよう，管理層の役割を支援する．

・注記 この規格で "事業" という場合，それは，組織が公的か私的か，営利か非営利かを問わず，組織の存在の目的の中核となる活動という広義の意味で解釈され得る．

5.1.2 顧客重視
・トップマネジメントは，次の事項を確実にすることによって，顧客重視に関するリーダーシップ及びコミットメントを実証しなければならない．
  a) 顧客要求事項及び適用される法令・規制要求事項を明確にし，理解し，一貫してそれを満たしている．
  b) 製品及びサービスの適合並びに顧客満足を向上させる能力に影響を与え得る，リスク及び機会を決定し，取り組んでいる．
  c) 顧客満足向上の重視が維持されている．

5.2 方針
5.2.1 品質方針の確立
・トップマネジメントは，次の事項を満たす品質方針を確立し，実施し，維持しなければならない．
  a) 組織の目的及び状況に対して適切であり，組織の戦略的な方向性を支援する．
  b) 品質目標の設定のための枠組みを与える．
  c) 適用される要求事項を満たすことへのコミットメントを含む．
  d) 品質マネジメントシステムの継続的改善へのコミットメントを含む．

5.2.2 品質方針の伝達
・品質方針は，次に示す事項を満たさなければならない．
  a) 文書化した情報 として利用可能な状態にされ，維持される．
  b) 組織内に伝達され，理解され，適用される．
  c) 必要に応じて，密接に関連する利害関係者が入手可能である．

図12 トップマネジメントの役割

5.3 組織の役割,責任及び権限
・トップマネジメントは,関連する役割に対して,責任及び権限が割り当てられ,組織内に伝達され,理解されることを確実にしなければならない.
・トップマネジメントは,次の事項に対して,責任及び権限を割り当てなければならない.
　a) 品質マネジメントシステムが,この規格の要求事項に適合することを確実にする.
　b) プロセスが,意図したアウトプットを生み出すことを確実にする.
　c) 品質マネジメントシステムのパフォーマンス及び改善(10.1参照)の機会を特にトップマネジメントに報告する.
　d) 組織全体にわたって,顧客重視を促進することを確実にする.
　e) 品質マネジメントシステムへの 変更 を計画し,実施する場合には,品質マネジメントシステムを"完全に整っている状態"(integrity)を維持することを確実にする.

9.3 マネジメントレビュー
9.3.1 一般
・トップマネジメントは,組織の品質マネジメントシステムが,引き続き,適切,妥当かつ有効で更に組織の戦略的な方向性と一致していることを確実にするために,あらかじめ定めた間隔で,品質マネジメントシステムをレビューしなければならない.

9.3.2 マネジメントレビューへのインプット
・マネジメントレビューは,次の事項を考慮して計画し,実施しなければならない.
　a) 前回までのマネジメントレビューの結果とった処置の状況
　b) 品質マネジメントシステムに関連する外部及び内部の課題の変化
　c) 次に示す傾向を含めた,品質マネジメントシステムの パフォーマンス 及び有効性に関する情報
　　1) 顧客満足及び密接に関連する利害関係者からのフィードバック
　　2) 品質目標が満たされている程度
　　3) プロセス パフォーマンス ,並びに製品及びサービスの適合
　　4) 不適合及び是正処置
　　5) 監視及び測定の結果
　　6) 監査結果
　　7) 外部提供者の パフォーマンス
　d) 資源の妥当性
　e) リスク及び機会に取り組むためにとった処置の有効性(6.1参照)
　f) 改善の機会

9.3.3 マネジメントレビューからのアウトプット
・マネジメントレビューからのアウトプットには,次の事項に関する決定及び処置を含めなければならない.
　a) 改善の機会
　b) 品質マネジメントシステムのあらゆる変更の必要性
　c) 必要な資源
・組織は,マネジメントレビューの結果の証拠として, 文書化した情報 を保持しなければならない.

図12 トップマネジメントの役割(続き)

- 品質マネジメントシステムの有効性の説明責任
- 事業プロセスとの統合
- 環境保護に関するコミットメント
- 利害関係者
- リスク
- 内部及び外部の課題
- 品質マネジメントシステムのパフォーマンス
- トップマネジメントの関与を強化するために，管理責任者という表現を削除

以上に示したとおり，2015年版では，トップマネジメントの役割が大幅に強化されている．

14 予防処置

予防処置は，品質マネジメントシステム全体で対応すべきものであるので，この箇条は削除された．

したがって，2015年版の中に予防処置を強化する箇条が下記のとおりに追加または強化されている．
- 組織及びその状況の理解（4.1）
- 利害関係者のニーズ及び期待の理解（4.2）
- 品質マネジメントシステムの適用範囲の決定（4.3）
- リーダーシップ及びコミットメント（5.1）
- リスク及び機会への取組み（6.1）

15 文書化した情報（7.5.3）

「文書」と「記録」は「文書化した情報」として統合された．これは，"進化を続ける情報技術に対応し，ISOのための書類の大量作成という悪習慣からの脱却するための処置である．"といわれている．

これまで，文書と記録という表現に慣れてきた組織にとっては，混乱するかもしれないので，これが記載されている箇条を 表5 にまとめて，文書と記録に分類した．この分類に当たって，「文書化した情報を維持する．（maintain）」と記述されているものは文書として，「文書化した情報を保持する．（retain）」と

表5 文書化した情報に関する要求事項

- 維持する（maintain）と記述されているものは文書に「○印」を，保持する（retain）と記述されているものには記録の欄に「○印」を付けた．
- 2008年版でよく言われてきた「文書は変更があるが，記録は変更がない．」という考えで，分類すると「○印」の分類では説明しにくいものもあるので，2008年版に合わせた分類を参考に「△印」で追加した．

項 目	文書化した情報	文書	記録
4.3 品質マネジメントシステムの適用範囲の決定	・組織の品質マネジメントシステムの適用範囲は，文書化した情報として利用可能な状態にし，維持しなければならない．	○	
4.4 品質マネジメントシステム及びそのプロセス	4.4.2 組織は，必要な程度まで，次の事項を行わなければならない． a）プロセスの運用を支援するための文書化した情報を維持する． b）プロセスが計画どおりに実施されたと確信するための文書化した情報を保持する．	○	○
5.2 方針 5.2.2 品質方針の伝達	・品質方針は，次に示す事項を満たさなければならない． a）文書化した情報として利用可能な状態にされ，維持される．	○	
6.2 品質目標及びそれを達成するための計画策定	6.2.1 ・組織は，品質目標に関する文書化した情報を維持しなければならない．	○	
7.1.5 監視及び測定のための資源 7.1.5.1 一般	・組織は，監視及び測定のための資源が目的と合致している証拠として，適切な文書化した情報を保持しなければならない．		○
7.1.5.2 測定のトレーサビリティ	・測定のトレーサビリティが要求事項となっている場合，又は組織がそれを測定結果の妥当性に信頼を与えるための不可欠な要素とみなす場合には，測定機器は，次の事項を満たさなければならない． a）定められた間隔で又は使用前に，国際計量標準又は国家計量標準に対してトレーサブルである計量標準に照らして校正若しくは検証，又はそれらの両方を行う． そのような標準が存在しない場合には，校正又は検証に用いたよりどころを，文書化した情報として保持する．		○
7.2 力量	・組織は，次の事項を行わなければならない． d）力量の証拠として，適切な文書化した情報を保持する．		○

8 運用 8.1 運用の計画及び管理		・組織は，次に示す事項の実施によって，製品及びサービスの提供に関する**要求事項**を満たすため，並びに箇条6で決定した取組みを実施するために必要なプロセスを，**計画**し，**実施**し，かつ，**管理**しなければならない（4.4 参照）． 　e）次の目的のために必要な程度の，文書化した情報の明確化，維持及び保持 　　1）**プロセスが計画どおりに実施されたという確信をもつ．** 　　2）製品及びサービスの要求事項への適合を実証する．		○	○
8.2.3	製品及びサービスに関連する要求事項のレビュー	8.2.3.2　組織は，該当する場合には，必ず，次の事項に関する 文書化した情報 を保持しなければならない． 　a）レビューの結果 　b）製品及びサービスに関する新たな要求事項 8.2.4　製品及びサービスに関する要求事項の変更 ・製品及びサービスに関する要求事項が変更されたときには，組織は，関連する 文書化した情報 を 変更 することを確実にしなければならない．		○ ○	
8.3.2	設計・開発の計画	・設計・開発の段階及び管理を決定するに当たって，組織は，次の事項を考慮しなければならない． 　j）設計・開発の要求事項を満たしていることを実証するために必要な 文書化した情報		○	
8.3.3	設計・開発へのインプット	・組織は，設計・開発へのインプットに関する 文書化した情報 を保持しなければならない．			○
8.3.4	設計・開発の管理	・組織は，次の事項を確実にするために，設計・開発プロセスを管理しなければならない． 　f）これらの活動についての 文書化した情報 を保持する．		△	○
8.3.5	設計・開発からのアウトプット	・組織は，設計・開発からのアウトプットについて，文書化した情報 を保持しなければならない．		△	○
8.3.6	設計・開発の変更	・組織は，次の事項に関する 文書化した情報 を保持しなければならない． 　a）設計・開発の変更 　b）レビューの結果 　c）変更の許可 　d）悪影響を防止するための処置		△	○

8.4　外部から提供されるプロセス，製品及びサービスの管理 8.4.1　一般	・組織は，要求事項に従ってプロセス又は製品・サービスを提供する**外部提供者**の能力に基づいて，**外部提供者**の評価，選択，パフォーマンスの監視，及び再評価を行うための**基準**を決定し，適用しなければならない． ・組織は，これらの活動及びその評価によって生じる必要な処置について，文書化した情報を保持しなければならない．		△	○
8.5.1　製造及びサービス提供の管理	・管理された状態には，次の事項のうち，該当するものについては，必ず，含めなければならない． 　a）次の事項を定めた文書化した情報を利用できるようにする． 　　1）製造する製品，提供するサービス，又は実施する活動の特性． 　　2）達成すべき結果			○
8.5.2　識別及びトレーサビリティ	・トレーサビリティが要求事項となっている場合には，組織は，アウトプットについて一意の識別を管理し，トレーサビリティを可能とするために必要な文書化した情報を保持しなければならない．		△	○
8.5.6　変更の管理	・組織は，変更のレビューの結果，**変更**を正式に許可した人（又は人々）及びレビューから生じた必要な処置を記載した，文書化した情報を保持しなければならない．		△	○
8.6　製品及びサービスのリリース	・組織は，製品及びサービスのリリースについて文書化した情報を保持しなければならない． これには，次の事項を含まなければならない． 　a）合否判定基準をへの適合の証拠 　b）**リリースを正式に許可した人（又は人々）**に対する**トレーサビリティ**			○ ○
8.7　不適合なアウトプットの管理	8.7.2　組織は次の事項を満たす文書化した情報を保持しなければならない． 　a）不適合が記載されている． 　b）とった処置が記載されている． 　c）取得した特別採用が記載されている． 　d）不適合に関する処置について決定をする**権限**をもつ者を特定している．			○
9.1　監視，測定，分析及び評価 9.1.1　一般	・組織は，次の事項を決定しなければならない． 　a）監視及び測定が必要な対象 　b）妥当な結果を確実にするために必要な，監視，測定，分析及び評価の方法 　c）監視及び測定の実施時期 　d）監視及び測定の結果の，分析及び評価の時期 ・組織は，品質マネジメントシステムのパフォーマンス及び有効性を評価しなければならない． ・組織は，この結果の証拠として，適切な文書化した情報を保持しなければならない．			○

9.2 内部監査	9.2.2 組織は，次に示す事項を行わなければならない． f) 監査プログラムの実施及び監査結果の証拠として，文書化した情報を保持する．		○
9.3.3 マネジメントレビューからのアウトプット	・組織は，マネジメントレビューの結果の証拠として，文書化した情報を保持しなければならない．		○
10.2 不適合及び是正処置	10.2.2 組織は，次に示す事項の証拠として，文書化した情報を保持しなければならない． a) 不適合の性質及びそれに対してとったあらゆる処置 b) 是正処置の結果		○

記述されているものは記録として「○印」で分類した（**附属書A.6**参照）．しかし，2008年版でよくいわれてきた「文書は変更があるが，記録は変更がない」という考えで，分類すると「○印」では説明しにくいものもあるので，2008年版に合わせた分類を参考に「△印」で追加しておく．

上記とは別に，「情報」とだけ記述されている箇条があるので，表6 にまとめた．規格では，文書化は要求していないが，組織として必要な情報を漏れなく入手し，監視し，レビューすることが要求されている．特に「箇条9.3.2 マネジメントレビューのインプット」に規定されている「品質マネジメントシステムのパフォーマンス及び有効性に関する情報」は重要である（**本章の「10. 評価に関する要求事項」**を参照）．

16 その他の変更

その他の変更については，規格全体に対しての「追加，削除又は変更された主なキーワード」として 表7 にまとめている．この資料に，Annex SL による変更を「＊印」で，9001独自の変更を「・印」で分類しているので，参考にしていただきたい．

この2015年版を適用するためには，本章で述べた変更箇所以外の箇条を確実に運用することが重要である．4章に「2015年版と2008年版の詳細比較」を記述しているので，これをもとに，組織のシステム移行に取り組んで欲しい．

表6 情報に関する要求事項

項　目	情　報
4.1　組織及びその状況の理解	・組織は，これらの外部及び内部の課題に関する 情報 を監視し，レビューしなければならない．
4.2　利害関係者のニーズ及び期待の理解	・組織は，これらの利害関係者及びその関連する要求事項に関する 情報 を監視し，レビューしなければならない．
7　支援 7.1　資源 7.1.3　インフラストラクチャ	・注記　インフラストラクチャには，次を含めることができる． 　　d）情報 通信技術
7.1.6　組織の知識	・変化するニーズ及び傾向に取り組む場合，組織は，現在の知識を考慮し，必要な追加の知識及び要求される 更新情報 を得る方法又はそれらにアクセスする方法を決定しなければならない． ・注記1　組織の知識は，組織に固有な知識であり，それは一般的に経験によって得られる． 　それは，組織の目標を達成するために使用し，共有する 情報 である．
9　パフォーマンス評価 9.1　監視，測定，分析及び評価 9.1.2　顧客満足	・組織は，顧客のニーズ及び期待が満たされている程度について，顧客がどのように受け止めているかを監視しなければならない． ・組織は，この 情報 の入手，監視及びレビューの方法を決定しなければならない．
9.1.3　分析及び評価	・組織は，監視及び測定からの適切なデータ及び 情報 を分析し，評価 しなければならない．
9.3　マネジメントレビュー 9.3.2　マネジメントレビューへのインプット	・マネジメントレビューは，次の事項を考慮して 計画 し，実施しなければならない． 　c）次に示す傾向を含めた，品質マネジメントシステムの パフォーマンス 及び有効性に関する 情報 　　1）顧客満足及び密接に関連する利害関係者からのフィードバック 　　2）品質目標が満たされている程度 　　3）プロセスの パフォーマンス ，並びに製品及びサービスの適合 　　4）不適合及び是正処置 　　5）監視及び測定の結果 　　6）監査結果 　　7）外部提供者の パフォーマンス

16 その他の変更

表7 追加，変更又は削除された主なキーワード

ISO 9001:2015	ISO 9001:2008	追加又は変更されたキーワード （削除されたキーワード） ＊ Annex SL による追加又は変更 ・9001独自の追加，変更又は削除
1 適用範囲	1 適用範囲 1.1 一般 1.2 適用	・製品及びサービス←製品 ・（除外：削除）
2 引用規格	2 引用規格	・ISO 9000:2015
3 用語及び定義	3 用語及び定義	・ISO 9000:2015
4 組織の状況 4.1 組織及びその状況の理解		＊新規の箇条 ＊意図した結果 ＊外部及び内部の課題
4.2 利害関係者のニーズ及び期待の理解		＊新規の箇条 ＊密接に関連する利害関係者（密接に関連するという表現は9001が独自に追加：以下同様）
4.3 品質マネジメントシステムの適用範囲の決定	1.2 適用	＊外部及び内部の課題 ＊密接に関連する利害関係者 ・文書化した情報 ・適用が不可能←除外 ・規格への適合を表明 （2008年度版の序文に記述されていた「認証機関」と言う表現は2015年版ではどこにも記述されていない．）
4.4 品質マネジメントシステム及びそのプロセス	4 品質マネジメントシステム 4.1 一般要求事項	・パフォーマンス指標 ・リスク ・意図した結果 ・文書化した情報
5 リーダーシップ 5.1 リーダーシップ及びコミットメント 5.1.1 一般	5 経営者の責任 5.1 経営者のコミットメント	＊リーダーシップ ＊実証←証拠 ＊事業プロセス ＊意図した結果 ・プロセスアプローチ
5.1.2 顧客重視	5.2 顧客重視	・実証 ・リスク
5.2 方針 5.2.1 品質方針の確立 5.2.2 品質方針の伝達	5.3 品質方針	＊密接に関連する利害関係者が入手可能

5.3 組織の役割，責任及び権限	5.5 責任，権限及びコミュニケーション 5.5.1 責任及び権限 5.5.2 管理責任者	・(管理責任者：削除)
6 計画 6.1 リスク及び機会への取組み	5.4 計画	＊新規の箇条 ＊課題 ＊リスク ＊意図した結果
6.2 品質目標及びそれを達成するための計画策定	5.4.1 品質目標 5.4.2 品質マネジメントシステムの計画	＊関連する機能，階層及びプロセス←しかるべき部門及び階層 ＊計画の内容を具体的に記述
6.3 変更の計画	5.4.2 品質マネジメントシステムの計画	・変更管理の要求が強化
7 支援 7.1 資源 7.1.1 一般 7.1.2 人々	6 資源の運用管理 6.1 資源の提供	・外部提供者
7.1.3 インフラストラクチャ	6.3 インフラストラクチャー	
7.1.4 プロセスの運用に関する環境	6.4 作業環境	・プロセスの運用に関する環境←作業環境
7.1.5 監視及び測定のための資源 7.1.5.1 一般 7.1.5.2 測定のトレーサビリティ	7.6 監視機器及び測定機器の管理	・資源←機器
7.1.6 組織の知識		＊新規の箇条
7.2 力量 7.3 認識	6.2 人的資源 6.2.1 一般 6.2.2 力量，教育・訓練及び認識	＊パフォーマンス
7.4 コミュニケーション	5.5.3 内部コミュニケーション	＊外部のコミュニケーション
7.5 文書化した情報 7.5.1 一般 7.5.2 作成及び更新 7.5.3 文書化した情報の管理	4.2 文書化に関する要求事項 4.2.1 一般 4.2.2 品質マニュアル 4.2.3 文書管理 4.2.4 記録の管理	＊文書化した情報 　←文書／記録 ＊アクセス ・意図しない変更 ・(品質マニュアル：削除)

8 運用 8.1 運用の計画及び管理	7 製品実現 7.1 製品実現の計画	＊変更管理 ・（品質目標：削除） ・（品質計画書：削除） ・（7.3に規定する要求事項を適用してもよい：削除）
8.2 製品及びサービスに関する要求事項 8.2.1 顧客とのコミュニケーション	7.2 顧客関連のプロセス 7.2.3 顧客とのコミュニケーション	・顧客の所有物 ・不測の事態への対応
8.2.2 製品及びサービスに関する要求事項の明確化 8.2.3 製品及びサービスに関する要求事項のレビュー 8.2.4 製品及びサービスに関する要求事項の変更	7.2.1 製品に関連する要求事項の明確化 7.2.2 製品に関連する要求事項のレビュー	・組織が必要とみなすもの ・製品及びサービスに関する主張 ・組織が規定した要求事項 ・新たな要求事項 ・（追加要求事項：削除）
8.3 製品及びサービスの設計・開発 8.3.1 一般	7.3 設計・開発	
8.3.2 設計・開発の計画	7.3.1 設計・開発の計画	・密接に関連する利害関係者
8.3.3 設計・開発へのインプット	7.3.2 設計・開発へのインプット	・パフォーマンス ・標準又は規範 ・起こり得る結果
8.3.4 設計・開発の管理	7.3.4 設計・開発のレビュー 7.3.5 設計・開発の検証 7.3.6 設計・開発の妥当性確認	・（部門を代表する者：削除）
8.3.5 設計・開発からのアウトプット	7.3.3 設計・開発からのアウトプット	
8.3.6 設計・開発の変更	7.3.7 設計・開発の変更管理	・（検証及び妥当性確認：削除）
8.4 外部から提供されるプロセス，製品及びサービスの管理 8.4.1 一般	7.4 購買 7.4.1 購買プロセス	・外部から提供される製品及びサービス←購買製品 ・外部提供者←供給者 ・パフォーマンス
8.4.2 管理の方式及び程度	7.4.1 購買プロセス 7.4.3 購買製品の検証	・潜在的な影響 （リスクベースの思考を意識）
8.4.3 外部提供者に対する情報	7.4.2 購買情報 7.4.3 購買製品の検証	・組織と外部提供者との相互作用 ・（QMSに関する要求：削除）

8.5 製造及びサービス提供 8.5.1 製造及びサービス提供の管理	7.5 製造及びサービス提供 7.5.1 製造及びサービス提供の管理 7.5.2 製造及びサービス提供に関するプロセスの妥当性確認	・ヒューマンエラー ・（項目削除）
8.5.2 識別及びトレーサビリティ	7.5.3 識別及びトレーサビリティ	・アウトプット←製品 ・（構成管理：削除）
8.5.3 顧客又は外部提供者の所有物	7.5.4 顧客の所有物	・外部提供者 ・注記に外部提供者の所有物の例
8.5.4 保存	7.5.5 製品の保存	・保存←製品の保存 ・例示のような記述は，規範的要求事項であるとして注記に移された．
8.5.5 引渡し後の活動	7.2.1 製品に関連する要求事項の明確(7.2.1a／7.2.1 注記) 7.5.1 製造及びサービス提供の管理 (7.5.1f)	・望ましくない結果（リスクを考慮） ・耐用期間
8.5.6 変更の管理		・新規の箇条
8.6 製品及びサービスのリリース	8.2.4 製品の監視及び測定	・リリースを正式に許可した人（人々）に対するトレーサビリティ
8.7 不適合なアウトプットの管理	8.3 不適合製品の管理	・アウトプット←製品
9 パフォーマンス評価 9.1 監視，測定，分析及び評価 9.1.1 一般	8. 測定，分析及び改善 8.1 一般 8.2 監視及び測定 8.2.3 プロセスの監視及び測定 8.2.4 製品の監視及び測定	＊パフォーマンス評価 ＊実施時期
9.1.2 顧客満足	8.2.1 顧客満足	・顧客のニーズ及び期待←顧客要求事項 ・（失注分析：削除）
9.1.3 分析及び評価	8 測定，分析及び改善 8.4 データの分析	・分析項目増加 7←4 ・リスク
9.2 内部監査	8.2.2 内部監査	・（自らの仕事を監査：削除） ・（フォローアップ：削除）
9.3 マネジメントレビュー 9.3.1 一般	5.6 マネジメントレビュー 5.6.1 一般	

9.3.2	マネジメントレビューへのインプット	5.6.2	マネジメントレビューへのインプット	＊課題 ＊**QMS**のパフォーマンス ・リスク
9.3.3	マネジメントレビューからのアウトプット	5.6.1　一般 5.6.3　マネジメントレビューからのアウトプット	
10　改善 10.1　一般			＊新規の箇条 ・革新（innovation）
10.2　不適合及び是正処置		8.5.2　是正処置	＊他のところで発生 ＊処置をとる必要性←処置の必要性 ・リスク
10.3　継続的改善		8.5　改善 8.5.1　継続的改善	
		8.5.3　予防処置	＊（項目削除）

17　用語及び定義

　規格を正確に解釈するためには，用語の定義を正しく理解することが重要である．2015年版で用いる用語及び定義は「**ISO 9000：2015**（引用規格）」によると規定されている．この用語及び定義の目次を，表8 に示す．本章でも，規格を解釈するための必要な用語の定義はその都度記述しているが，それ以外にも重要なものがあるので，ぜひとも各用語の定義をよく読んで，規格の解釈に役立ててほしい．

18　品質マネジメントの原則

　品質マネジメントの原則についてもここで触れておく．この原則は2008年版では，序文に「この規格は，**JIS Q 9000** 及び **JIS Q 9004** に記載されている品質マネジメントの原則を考慮に入れて作成した．」と記述されているが，その項目（8項目）のタイトルは記述されていなかった．2015年版では，同じく序文に「この原則は，**JIS Q 9000** に規定されている品質マネジメントの原則に基づいている．」として，以下に示す7項目のタイトルが記述されている．項目数が

3章　ISO 9001:2015（JIS Q 9001:2015）の概要

表8　ISO 9000:2015　用語及び定義　目次

3.1　個人又は人々に関する用語	3.6　要求事項に関する用語	3.10　特性に関する用語
3.1.1　トップマネジメント	3.6.1　対象，実体，項目 *	3.10.1　特性
3.1.2　品質マネジメントシステムコンサルタント *	3.6.2　品質	3.10.2　品質特性
	3.6.3　等級	3.10.3　人的要因 *
3.1.3　参画 *	3.6.4　要求事項	3.10.4　力量
3.1.4　積極的参加 *	3.6.5　品質要求事項	3.10.5　計量特性
3.1.5　コンフィギュレーション機関，コンフィギュレーション統制委員会，コンフィギュレーション決定委員会 *	3.6.6　法令要求事項 *	3.10.6　コンフィギュレーション *
	3.6.7　規制要求事項 *	3.10.7　コンフィギュレーションベースライン *
	3.6.8　製品コンフィギュレーション情報 *	
3.1.6　紛争解決者 *	3.6.9　不適合	3.11　確定に関する用語
	3.6.10　欠陥	3.11.1　確定 *
3.2　組織に関する用語	3.6.11　適合	3.11.2　レビュー
3.2.1　組織	3.6.12　実現能力	3.11.3　監視
3.2.2　組織の状況 *	3.6.13　トレーサビリティ	3.11.4　測定 *
3.2.3　利害関係者	3.6.14　ディペンダビリティ	3.11.5　測定プロセス
3.2.4　顧客	3.6.15　革新 *	3.11.6　測定機器
3.2.5　提供者，供給者		3.11.7　検査
3.2.6　外部提供者，外部供給者 *	3.7　結果に関する用語	3.11.8　試験
3.2.7　DRP提供者，紛争解決手続提供者 *	3.7.1　目標	3.11.9　進捗評価 *
	3.7.2　品質目標	
3.2.8　協会 *	3.7.3　成功	3.12　処置に関する用語
3.2.9　計量機能	3.7.4　持続的成功 *	3.12.1　予防処置
	3.7.5　アウトプット *	3.12.2　是正処置
3.3　活動に関する用語	3.7.6　製品	3.12.3　修正
3.3.1　改善 *	3.7.7　サービス *	3.12.4　再格付け
3.3.2　継続的改善	3.7.8　パフォーマンス *	3.12.5　特別採用
3.3.3　マネジメント，運営管理	3.7.9　リスク *	3.12.6　逸脱許可
3.3.4　品質マネジメント	3.7.10　効率	3.12.7　リリース
3.3.5　品質計画	3.7.11　有効性	3.12.8　手直し
3.3.6　品質保証		3.12.9　修理
3.3.7　品質管理	3.8　データ，情報及び文書に関する用語	3.12.10　スクラップ
3.3.8　品質改善		
3.3.9　コンフィギュレーション管理 *	3.8.1　データ *	3.13　監査に関する用語
3.3.10　変更管理 *	3.8.2　情報	3.13.1　監査
3.3.11　活動 *	3.8.3　客観的証拠	3.13.2　複合監査 *
3.3.12　プロジェクトマネジメント *	3.8.4　情報システム *	3.13.3　合同監査 *
	3.8.5　文書	3.13.4　監査プログラム
3.3.13　コンフィギュレーション対象 *	3.8.6　文書化した情報 *	3.13.5　監査範囲
	3.8.7　仕様書	3.13.6　監査計画
3.4　プロセスに関する用語	3.8.8　品質マニュアル	3.13.7　監査基準
3.4.1　プロセス	3.8.9　品質計画書	3.13.8　監査証拠
3.4.2　プロジェクト	3.8.10　記録	3.13.9　監査所見
3.4.3　品質マネジメントシステムの実現	3.8.11　プロジェクトマネジメント計画書	3.13.10　監査結論
		3.13.11　監査依頼者
3.4.4　力量の習得 *	3.8.12　検証	3.13.12　被監査者
3.4.5　手順	3.8.13　妥当性確認	3.13.13　案内役
3.4.6　外部委託する（動詞） *	3.8.14　コンフィギュレーション状況の報告 *	3.13.14　監査チーム
3.4.7　契約		3.13.15　監査員
3.4.8　設計・開発	3.8.15　個別ケース *	3.13.16　技術専門家
		3.13.17　オブザーバ
3.5　システムに関する用語	3.9　顧客に関する用語	
3.5.1　システム	3.9.1　フィードバック *	
3.5.2　インフラストラクチャ	3.9.2　顧客満足	
3.5.3　マネジメントシステム	3.9.3　苦情	注）*印は，今回の改訂で，追加された用語を示す。
3.5.4　品質マネジメントシステム	3.9.4　顧客サービス *	
3.5.5　作業環境	3.9.5　顧客満足行動規範 *	
3.5.6　計量確認	3.9.6　紛争 *	
3.5.7　計測マネジメントシステム		
3.5.8　方針 *		
3.5.9　品質方針		
3.5.10　ビジョン *		
3.5.11　使命 *		
3.5.12　戦略 *		

1つ減少しているのは，2008年版の「プロセスアプローチ」と「マネジメントシステムへのシステムアプローチ」を1つにまとめて，「プロセスアプローチ」としたためである．

1）顧客重視
2）リーダーシップ
3）人々の積極的参加
4）プロセスアプローチ
5）改善
6）客観的事実に基づく意思決定
7）関係性管理

この7つの原則を一覧表にまとめて，　表9　に示す．2015年版の各箇条を解釈する際に，該当する原則を併せて参照願いたい．

19　改訂版への移行時の注意事項

移行にあたって，参考となる注意事項がJIS Q 9001：2015の「**附属書A（参考）**」詳細に記述されている．この中で，特に参考にして欲しいものを以下に示す．

- この規格では，組織の品質マネジメントシステムの文書化した情報にこの規格の構造及び用語を適用することは要求していない．（A.1）
- 組織で用いる用語を，品質マネジメントシステム要求事項を規定するためにこの規格で用いている用語に置き換えることは要求していない．（A.1）
- 組織は，それぞれの運用に適した用語を用いることを選択できる（例えば，"文書化した情報"ではなく，"記録"，"文書類"又は"プロトコル"を用いる．"外部提供者"ではなく，"供給者"，"パートナ"又は"販売者"を用いる．）（A.1）
- この規格では，組織に対し，組織が自らの品質マネジメントシステムに密接に関連しないと決定した利害関係者を考慮することは要求していない．（A.3）
- 6.1は，組織がリスクへの取組みを計画しなければならないことを規定しているが，リスクマネジメントのための厳密な方法又は文書化したリスクマネジメントプロセスは要求していない．（A.4）

表9 品質マネジメントの原則

1) 顧客重視

説明／根拠	主な便益	取り得る行動
品質マネジメントの主眼は，顧客の要求事項を満たすこと及び顧客の期待を超える努力をすることにある。 持続的成功は，組織が顧客及びその他の密接に関連する利害関係者を引き付け，その信頼を保持することによって達成できる。 顧客との相互作用のあらゆる側面が，顧客のために更なる価値を創造する機会を与える。 顧客及びその他の利害関係者の現在及び将来のニーズを理解することは，組織の持続的成功に寄与する。	－顧客価値の増加 －顧客満足の増加 －顧客のロイヤリティの改善 －リピートビジネスの増加 －組織の評判の向上 －顧客基盤の拡大 －収益及び市場シェアの増加	－直接的及び間接的な顧客を組織から価値を受け取る者として認識する。 －顧客の現在及び将来のニーズ及び期待を理解する。 －組織の目標を顧客のニーズ及び期待に関連付ける。 －顧客のニーズ及び期待を組織全体に伝達する。 －顧客のニーズ及び期待を満たす製品及びサービスを計画し，設計し，開発し，製造し，引渡し，サポートする。 －顧客満足を測定・監視し，適切な処置をとる。 －顧客満足に影響を与え得る密接に関連する利害関係者のニーズ及び期待を明確にし，処置をとる。 －持続的成功を達成するために，顧客との関係を積極的にマネジメントする。

2) リーダーシップ

説明／根拠	主な便益	取り得る行動
全ての階層のリーダーは，目的及び目指す方向を一致させ，人々が組織の品質目標の達成に積極的に参加している状況を作り出す。 目的及び目指す方向の一致並びに人々の積極的な参加によって，組織は，その目標の達成に向けて戦略，方針，プロセス及び資源を密接に関連付けることができる。	－組織の品質目標を満たす上での有効性及び効率の向上 －組織内のプロセス間のより良い協調 －組織内の階層間及び機能間のコミュニケーションの改善 －望む結果を出せるような，組織及び人々の実現能力の開発及び向上	－組織の使命，ビジョン，戦略，方針及びプロセスを組織全体に周知する。 －組織の全ての階層において，共通の価値基準，公正性及び倫理的模範を作り，持続させる。 －信頼及び誠実さの文化を確立する。 －品質に対する組織全体にわたるコミットメントを奨励する。 －全ての階層のリーダーが，組織の人々にとって模範となることを確実にする。 －人々に対し，説明責任を意識して行動するために必要な，資源，教育・訓練及び権限を与える。 －人々の貢献を鼓舞し，奨励し，認める。

3) 人々の積極的参加

組織内のあらゆる階層にいる，力量があり，権限を与えられ，積極的に参加する人々が，価値を創造し提供する組織の実現能力を強化するために必須である。 組織を効果的かつ効率的にマネジメントするためには，組織の全ての階層の全ての人々を尊重し，それらの人々の参加を促すことが重要である。貢献を認め，権限を与え，力量を向上させることによって，組織の品質目標達成への人々の積極的な参加が促進される。	－組織の品質目標に対する組織の人々の理解の向上，及びそれを達成するための意欲の向上 －改善活動における人々の参画の増大 －個人の成長，主導性及び創造性の強化 －人々の満足の増大 －組織全体における信頼及び協力の増大 －組織全体における共通の価値基準及び文化に対する注目の高まり	－各人の貢献の重要性の理解を促進するために，人々とコミュニケーションを行う。 －組織全体で協力を促進する。 －オープンな議論，並びに知識及び経験の共有を促す。 －人々が，パフォーマンスに関わる制約条件を明確にし，恐れることなく率先して行動できるよう，権限を与える。 －人々の貢献，学習及び向上を認め，褒める。 －個人の目標に対するパフォーマンスの自己評価を可能にする。 －人々の満足を評価し，その結果を伝達し，適切な処置をとるための調査を行う。

4) プロセスアプローチ

活動を，首尾一貫したシステムとして機能する相互に関連するプロセスであると理解し，マネジメントすることによって，矛盾のない予測可能な結果が，より効果的かつ効率的に達成できる。 QMSは，相互に関連するプロセスで構成される。このシステムによって結果がどのように生み出されるかを理解することで，組織は，システム及びそのパフォーマンスを最適化できる。	－主要なプロセス及び改善のための機会に注力する能力の向上 －密接に関連付けられたプロセスから構成されるシステムを通して得られる矛盾のない，予測可能な成果 －効果的なプロセスのマネジメント，資源の効率的な利用，及び機能間の障壁の低減を通して得られるパフォーマンスの最適化 －組織に整合性があり，有効でかつ効率的であることに関して利害関係者に信頼感を与えることができるようになる。	－システムの目標，及びそれらを達成するために必要なプロセスを定める。 －プロセスをマネジメントするための権限，責任及び説明責任を確立する。 －組織の実現能力を理解し，実行前に資源の制約を明確にする。 －プロセスの相互依存関係を明確にし，システム全体で個々のプロセスへの変更の影響を分析する。 －組織の品質目標を効果的及び効率的に達成するために，プロセス及びその相互関係をシステムとしてマネジメントする。 －プロセスを運用し，改善するとともに，システム全体のパフォーマンスを監視し，分析し，評価するために必要な情報が利用できる状態にあることを確実にする。 －プロセスのアウトプット及びQMSの全体的な成果に影響を与え得るリスクを管理する。

5) 改善

成功する組織は，改善に対して，継続して焦点を当てている 改善は，組織が，現レベルのパフォーマンスを維持し，内外の状況の変化に対応し，新たな機会を創造するために必須である．	－プロセスパフォーマンス，組織の実現能力及び顧客満足の改善 －予防及び是正処置につながる根本原因の調査及び確定の重視 －内部及び外部のリスク及び機会を予測し，これに対応するための能力の強化 －漸増的な改善と飛躍的な改善の両方に関する検討の強化 －改善のための学習に関する工夫 －革新に対する意欲の向上	－組織の全ての階層において改善目標の設定を促す． －改善目標を達成するための基本的なツール及び方法論の適用の仕方に関し，全ての階層の人々に教育及び訓練を行う． －改善プロジェクトを成功裏に促進し，完結するための力量を人々が確実にもつようにする． －組織全体で改善プロジェクトを実施するためのプロセスを開発し，展開する． －改善プロジェクトの計画，実施，完了及び結果を追跡し，レビューし，監査する． －新規の又は変更された，製品及びサービス並びにプロセスの開発に，改善の考えを組み込む． －改善を認め，褒める．

6) 客観的事実に基づく意思決定

データ及び情報の分析及び評価に基づく意思決定によって，望む結果が得られる可能性が高まる． 意思決定は，複雑なプロセスとなる可能性があり，常に何らかの不確かさを伴う． 意思決定は，主観的かもしれない，複数の種類の，複数の源泉からのインプット，及びそれらに対する解釈を含むことが多い． 因果関係，及び起こり得る意図しない帰結を理解することが重要である． 客観的事実，根拠及びデータ分析は，意思決定の客観性及び信頼性を高める	－意思決定プロセスの改善 －プロセスパフォーマンスの評価及び目標の達成能力の改善 －運用の有効性及び効率の改善 －意見及び決定をレビューし，異議を唱え，変更する能力の向上 －過去の決定の有効性を実証する能力の向上	－組織のパフォーマンスを示す主な指標を決定し，測定し，監視する． －全ての必要なデータを，関連する人々が利用できる状態にする． －データ及び情報が十分に正確で，信頼性があり，安全であることを確実にする． －データ及び情報を，適切な方法を用いて分析し，評価する． －人々が，必要に応じてデータを分析し，評価する力量をもつことを確実にする． －経験と勘とのバランスがとれた意思決定を行い，客観的事実に基づいた処置をとる．

19 改訂版への移行時の注意事項

7) 関係性管理

持続的成功のために，組織は，例えば提供者のような，密接に関連する利害関係者との関係をマネジメントする． 密接に関連する利害関係者は，組織のパフォーマンスに影響を与える． 持続的成功は，組織のパフォーマンスに対する利害関係者の影響を最適化するように全ての利害関係者との関係をマネジメントすると，より実現しやすくなる． 提供者及びパートナとのネットワークにおける関係性管理は特に重要である．	－ それぞれの利害関係者に関連する機会及び制約に対応することを通じた，組織及びその密接に関連する利害関係者のパフォーマンスの向上 － 利害関係者の目標及び価値観に関する共通理解 － 資源及び力量の共有，並びに品質関連のリスクの管理による，利害関係者のための価値を創造する実現能力の向上 － 製品及びサービスの安定した流れを提供する，よく管理されたサプライチェーン	－ 密接に関連する利害関係者（例えば，提供者，パートナ，顧客，投資家，従業員，社会全体）及びそれらの組織との関係を明確する． － マネジメントする必要のある利害関係者との関係性を明確し，優先順位を付ける． － 短期的利益と長期的な考慮とのバランスがとれた関係を構築する． － 情報，専門的知識及び資源を，密接に関連する利害関係者との間で収集し，共有する． － 改善の取組みを強化するために，適切に，パフォーマンスを測定し，利害関係者に対してフィードバックを行う． － 提供者，パートナ及びその他の利害関係者と協力して開発及び改善活動を行う． － 提供者及びパートナによる改善及び達成を奨励し，認める．

※上表は，JIS Q 9000:2015 の「2.3 品質マネジメントの原則」に記述されている内容を編集したものである．

　これらを考慮に入れて，組織のシステム移行に取り組んでほしい．
　最後に，2008年版と同様に2015年版も実績のある製品及びサービスを対象にした規格であり，実績のない新製品や新しいサービスについては，ISO 9001のシステム外で自由に研究し，実績が確定した段階で，組織が必要とすれば，ISO 9001の適用範囲に組み込めばよいことを再認識して移行に取り組んでいただきたい．

2015年版と2008年版の詳細比較

　本章では，改訂規格であるISO 9001：2015（JIS Q 9001：2015）と旧規格であるISO 9001：2008（JIS Q 9001：2008）の全文を対比して，詳細な変更内容がわかるよう，以下のようにまとめた．

- 対比表の左欄にJIS Q 9001：2015を，右欄にJIS Q 9001：2008を示した．
- 新旧規格の比較を明確にするため，規格の文章は箇条書にしている（原文と記述方法が相違している）．
- JIS Q 9001：2008の記述の中で，変更箇所を直接対比するために，順序を変更している箇所がある．
- 規格を理解するための参考情報を対比表の右枠内または対比表の後に「＊」で記述しゴシック体で示した（原文にはない）．
- 各対比表の後に，関連する「用語及び定義」又は「附属書A」を抜粋して実線枠内または点線枠内に記述した．
- 2015年版の「序文」を対比表の前に記述した（2008年版の序文のとの比較は省略した）．

4章

01 ISO 9001 新旧規格の目次比較

JIS Q 9001:2015	JIS Q 9001:2008
1　適用範囲	1　適用範囲 1.1　一般 1.2　適用
2　引用規格	2　引用規格
3　用語及び定義	3　用語及び定義
4　組織の状況 4.1　組織及びその状況の理解	
4.2　利害関係者のニーズ及び期待の理解	
4.3　品質マネジメントシステムの適用範囲の決定	1.2　適用
4.4　品質マネジメントシステム及びそのプロセス	4　品質マネジメントシステム 4.1　一般要求事項
5　リーダーシップ 5.1　リーダーシップ及びコミットメント 5.1.1　一般	5　経営者の責任 5.1　経営者のコミットメント
5.1.2　顧客重視	5.2　顧客重視
5.2　方針 5.2.1　品質方針の確立 5.2.2　品質方針の伝達	5.3　品質方針
5.3　組織の役割,責任及び権限	5.5　責任,権限及びコミュニケーション 5.5.1　責任及び権限 5.5.2　管理責任者
6　計画 6.1　リスク及び機会への取組み	5.4　計画
6.2　品質目標及びそれを達成するための計画策定	5.4.1　品質目標 5.4.2　品質マネジメントシステムの計画
6.3　変更の計画	5.4.2　品質マネジメントシステムの計画
7　支援 7.1　資源 7.1.1　一般 7.1.2　人々	6　資源の運用管理 6.1　資源の提供
7.1.3　インフラストラクチャ	6.3　インフラストラクチャー
7.1.4　プロセスの運用に関する環境	6.4　作業環境
7.1.5　監視及び測定のための資源 7.1.5.1　一般 7.1.5.2　測定のトレーサビリティ	7.6　監視機器及び測定機器の管理
7.1.6　組織の知識	
7.2　力量 7.3　認識	6.2　人的資源 6.2.1　一般 6.2.2　力量,教育・訓練及び認識

7.4　コミュニケーション	5.5.3　内部コミュニケーション
7.5　文書化した情報 7.5.1　一般 7.5.2　作成及び更新 7.5.3　文書化した情報の管理	4.2　文書化に関する要求事項 4.2.1　一般 4.2.2　品質マニュアル 4.2.3　文書管理 4.2.4　記録の管理
8　運用 8.1　運用の計画及び管理	7　製品実現 7.1　製品実現の計画
8.2　製品及びサービスに関する要求事項 8.2.1　顧客とのコミュニケーション	7.2　顧客関連のプロセス 7.2.3　顧客とのコミュニケーション
8.2.2　製品及びサービスに関する要求事項の明確化 8.2.3　製品及びサービスに関する要求事項のレビュー 8.2.4　製品及びサービスに関する要求事項の変更	7.2.1　製品に関連する要求事項の明確化 7.2.2　製品に関連する要求事項のレビュー
8.3　製品及びサービスの設計・開発 8.3.1　一般	7.3　設計・開発
8.3.2　設計・開発の計画	7.3.1　設計・開発の計画
8.3.3　設計・開発へのインプット	7.3.2　設計・開発へのインプット
8.3.4　設計・開発の管理	7.3.4　設計・開発のレビュー 7.3.5　設計・開発の検証 7.3.6　設計・開発の妥当性確認
8.3.5　設計・開発からのアウトプット	7.3.3　設計・開発からのアウトプット
8.3.6　設計・開発の変更	7.3.7　設計・開発の変更管理
8.4　外部から提供されるプロセス，製品及びサービスの管理 8.4.1　一般	7.4　購買 7.4.1　購買プロセス
8.4.2　管理の方式及び程度	7.4.1　購買プロセス 7.4.3　購買製品の検証
8.4.3　外部提供者に対する情報	7.4.2　購買情報 7.4.3　購買製品の検証
8.5　製造及びサービス提供 8.5.1　製造及びサービス提供の管理	7.5　製造及びサービス提供 7.5.1　製造及びサービス提供の管理 7.5.2　製造及びサービス提供に関するプロセスの妥当性確認
8.5.2　識別及びトレーサビリティ	7.5.3　識別及びトレーサビリティ
8.5.3　顧客又は外部提供者の所有物	7.5.4　顧客の所有物
8.5.4　保存	7.5.5　製品の保存
8.5.5　引渡し後の活動	7.2.1　製品に関連する要求事項の明確（7.2.1a／7.2.1 注記） 7.5.1　製造及びサービス提供の管理（7.5.1f）
8.5.6　変更の管理	
8.6　製品及びサービスのリリース	8.2.4　製品の監視及び測定
8.7　不適合なアウトプットの管理	8.3　不適合製品の管理

4章 2015年版と2008年版の詳細比較

9　パフォーマンス評価 **9.1　監視，測定，分析及び評価** 9.1.1　一般	8　測定，分析及び改善 8.1　一般 8.2　監視及び測定 8.2.3　プロセスの監視及び測定 8.2.4　製品の監視及び測定
9.1.2　顧客満足	8.2.1　顧客満足
9.1.3　分析及び評価	8　測定，分析及び改善 8.4　データの分析
9.2　内部監査	8.2.2　内部監査
9.3　マネジメントレビュー 9.3.1　一般	5.6　マネジメントレビュー 5.6.1　一般
9.3.2　マネジメントレビューへのインプット	5.6.2　マネジメントレビューへのインプット
9.3.3　マネジメントレビューからのアウトプット	5.6.1　一般 5.6.3　マネジメントレビューからのアウトプット
10　改善 10.1　一般	
10.2　不適合及び是正処置	8.5.2　是正処置
10.3　継続的改善	8.5　改善 8.5.1　継続的改善
	8.5.3　予防処置

＊太字はAnnex SLと同じ内容を示す．

02　ISO 9001：2015の序文

《JIS Q 9001：2015》

序文
・この規格は，2015年に第5版として発行されたISO 9001を基に，技術的内容及び構成を変更することなく作成した日本工業規格である．
・なお，この規格で点線の下線を施してある参考事項は，対応国際規格にはない事項である．

0.1　一般
・品質マネジメントシステムの採用は，パフォーマンス全体を改善し，持続可能な発展への取組みのための安定した基盤を提供するのに役立ち得る，組織の戦略上の決定である．
・組織は，この規格に基づいて品質マネジメントシステムを実施することで，次のような便益を得る可能性がある．
　a）顧客要求事項及び適用される法令・規制要求事項を満たした製品及びサービスを一貫して提供できる．
　b）顧客満足を向上させる機会を増やす．
　c）組織の状況及び目標に関連したリスク及び機会に取り組む．
　d）規定された品質マネジメントシステム要求事項への適合を実証できる．
・内部及び外部の関係者がこの規格を使用することができる．
・この規格は，次の事項の必要性を示すことを意図したものではない．
　−様々な品質マネジメントシステムの構造を画一化する．
　−文書類をこの規格の箇条の構造と一致させる．

- －この規格の特定の用語を組織内で使用する．
- この規格で規定する品質マネジメントシステム要求事項は，製品及びサービスに関する要求事項を補完するものである．
- この規格は，Plan-Do-Check-Act（PDCA）サイクル及びリスクに基づく考え方を組み込んだ，プロセスアプローチを採用している．
- 組織は，プロセスアプローチによって，組織のプロセス及びそれらの相互作用を計画することができる．
- 組織は，PDCAサイクルによって，組織のプロセスに適切な資源が与えられ，マネジメントすることを確実にし，かつ，改善の機会を明確にし，取り組むことを確実にすることができる．
- 組織は，リスクに基づく考え方によって，自らのプロセス及び品質マネジメントシステムが，計画した結果からかい（乖）離することを引き起こす可能性のある要因を明確にすることができ，また，好ましくない影響を最小限に抑えるための予防的管理を実施することができ，更に機会が生じたときにそれを最大限に利用することができる（A.4参照）．
- ますます活動的で複雑になる環境において，一貫して要求事項を満たし，将来のニーズ及び期待に取り組むことは，組織にとって容易ではない．
- 組織は，この目標を達成するために，修正及び継続的改善に加えて，飛躍的な変化，革新，組織再編など様々な改善の形を採用する必要があることを見出すであろう．
- この規格では，次のような表現形式を用いている．
  - "～しなければならない"（shall）は，要求事項を示し，
  - "～することが望ましい"（should）は，推奨を示し，
  - "～してもよい"（may）は，許容を示し，
  - "～することができる"，"～できる"，"～し得る"など（can）は，可能性又は実現能力を示す．
- "注記"に記載されている情報は，関連する要求事項の内容を理解するための，又は明確にするための手引である．

0.2 品質マネジメントの原則

- この規格は，JIS Q 9000に規定されている品質マネジメントの原則に基づいている．
- この規定には，それぞれの原則の説明，組織にとって原則が重要であることの根拠，原則に関連する便益の例，及び原則を適用するときに組織のパフォーマンスを改善するための典型的な取組みの例が含まれている．
- 品質マネジメントの原則とは，次の事項をいう．
  - －顧客重視
  - －リーダーシップ
  - －人々の積極的参加
  - －プロセスアプローチ
  - －改善
  - －客観的事実に基づく意思決定
  - －関係性管理

0.3 プロセスアプローチ
0.3.1 一般
- この規格は，顧客要求事項を満たすことによって顧客満足を向上させるために，品質マネジメントシステムを構築し，実施し，その品質マネジメントシステムの有効性を改善する際に，プロセスアプローチを採用することを促進する．

- プロセスアプローチの採用に不可欠と考えられる特定の要求事項を 4.4 に規定している．
- システムとして相互に関連するプロセスを理解し，マネジメントすることは，組織が効果的かつ効率的に意図した結果を達成する上で役立つ．
- 組織は，このアプローチによって，システムのプロセス間の相互関係及び相互依存性を管理することができ，それによって，組織の全体的なパフォーマンスを向上させることができる．
- プロセスアプローチは，組織の品質方針及び戦略的な方向性に従って意図した結果を達成するために，プロセス及びその相互作用を体系的に定義し，マネジメントすることに関わる．
- PDCA サイクル（0.3.2 参照）を，機会の利用及び望ましくない結果の防止を目指すリスクに基づく考え方（0.3.3 参照）に全体的な焦点を当てて用いることで，プロセス及びシステムを全体としてマネジメントすることができる．
- 品質マネジメントシステムでプロセスアプローチを適用すると，次の事項が可能になる．
  a）要求事項の理解及びその一貫した充足
  b）付加価値の点からの，プロセスの検討
  c）効果的なプロセスパフォーマンスの達成
  d）データ及び情報の評価に基づく，プロセスの改善
- 図 1 は，プロセスを図示し，その要素の相互作用を示したものである．
- 管理のために必要な，監視及び測定のチェックポイントは，各プロセスに固有なものであり，関係するリスクによって異なる．

図 1 – 単一プロセスの要素の図示（省略）

0.3.2 PDCA サイクル
- PDCA サイクルは，あらゆるプロセス及び品質マネジメントシステム全体に適用できる．
- 図 2 は，箇条 4 〜 箇条 10 を PDCA サイクルとの関係でどのようにまとめることができるかを示したものである．

図 2 – PDCA サイクルを使った，この規格の構造の説明（省略）

- PDCA サイクルは，次のように簡潔に説明できる．
  - Plan：システム及びそのプロセスの目標を設定し，顧客要求事項及び組織の方針に沿った結果を出すために必要な資源を用意し，リスク及び機会を特定し，かつ，それらに取り組む．
  - Do：計画されたことを実行する．
  - Check：方針，目標及び要求事項及び計画した活動に照らして，プロセス並びにその結果としての製品及びサービスを監視し，（該当する場合には，必ず）測定し，その結果を報告する．
  - Act：必要に応じて，パフォーマンスを改善するための処置をとる．

0.3.3 リスクに基づく考え方
- リスクに基づく考え方（A.4 参照）は，有効な品質マネジメントシステムを達成するために必須である．
- リスクに基づく考え方の概念は，例えば，起こり得る不適合を除去するための予防処置を実施する，発生したあらゆる不適合を分析する，及び不適合の影響に対して適切な，再発防止のための取組みを行うということを含めて，この規格の旧版に含まれていた．

- 組織は，この規格の要求事項に適合するために，リスク及び機会への取組みを計画し，実施する必要がある．
- リスク及び機会の双方への取組みによって，品質マネジメントシステムの有効性の向上，改善された結果の達成，及び好ましくない影響の防止のための基礎が確立する．
- 機会は，意図した結果を達成するための好ましい状況，例えば，組織が顧客を引き付け，新たな製品及びサービスを開発し，無駄を削減し，又は生産性を向上させることを可能にするような一連の状況の集まりの結果として生じることがある．
- 機会への取組みには，関連するリスクを考慮することも含まれ得る．
- リスクとは，不確かさの影響であり，そうした不確かさは，好ましい影響又は好ましくない影響をもち得る．
- リスクから生じる，好ましい方向へのかい（乖）離は，機会を提供し得るが，リスクの好ましい影響の全てが機会をもたらすとは限らない．

0.4 他のマネジメントシステム規格との関係
- この規格は，マネジメントシステムに関する規格間の一致性を向上させるために国際標準化機関（ISO）が作成した枠組みを適用する（A.1参照）．
- この規格は，組織が，品質マネジメントシステムを他のマネジメントシステム規格の要求事項に合わせたり，又は統合したりするために，PDCAサイクル及びリスクに基づく考え方と併せてプロセスアプローチを使用できるようにしている．
- この規格は，次に示すJIS Q 9000及びJIS Q 9004に関係している．
    - JIS Q 9000（品質マネジメントシステム−基本及び用語）は，この規格を適切に理解し，実施するために不可欠な予備情報を与えている．
    - JIS Q 9004（組織の持続的成功のための運営管理−品質マネジメントアプローチ）は，この規格の要求事項を超えて進んでいくことを選択する組織のための手引を提供している．

- 附属書Bは，ISO/TC 176が作成した他の品質マネジメント及び品質マネジメントシステム規格類について詳述している．
- この規格には，環境マネジメント，労働安全衛生マネジメント又は財務マネジメントのような他のマネジメントシステムに固有な要求事項は含んでいない．
- 幾つかの分野において，この規格の要求事項に基づく，分野固有の品質マネジメントシステム規格が作成されている．
- これらの規格の中には，品質マネジメントシステムの追加的な要求事項を規定しているものもあれば，特定の分野内での規格の適用に関する指針を提供に限定しているものもある．
- この規格が基礎としたISO 9001:2015と旧版（ISO 9001:2008）との間の箇条の相関に関するマトリクスは，ISO/TC 176/SC 2のウェブサイト（www.iso.org/tc176/sc02/public）で公表されている．

03　ISO 9001:2015　要求事項

■ 1. 適用範囲

JIS Q 9001:2015	JIS Q 9001:2008
1　適用範囲 ・この規格は，次の場合の品質マネジメントシステムに関する要求事項について規定する。 　a）組織が，顧客要求事項及び適用される法令・規制要求事項を満たした製品及びサービスを一貫して提供する能力をもつことを実証する必要がある場合。 　b）組織が，品質マネジメントシステムの改善のプロセスを含むシステムの効果的な適用，並びに顧客要求事項及び適用される法令・規制要求事項への適合の保証を通して，顧客満足の向上を目指す場合。 ・この規格の要求事項は，汎用性があり，業種・形態，規模，又は提供する製品及びサービスを問わず，あらゆる組織に適用できることを意図している。 ・注記1　この規格の"製品"又は"サービス"という用語は，顧客向けに意図した製品及びサービス，又は顧客に要求された製品及びサービスに限定して用いる。 ・注記2　法令・規制要求事項は，法的要求事項と表現することもある。 ・注記3　この規格の対応国際規格及びその対応の程度を表す記号を，次に示す。 ISO 9001:2015, Quality management systems − Requirements (IDT) なお，対応の程度を表す記号"IDT"は，ISO/IEC Guide 21-1 に基づき，"一致している"ことを示す。	1　適用範囲 1.1　一般 ・この規格は，次の二つの事項に該当する組織に対して，品質マネジメントシステムに関する要求事項について規定する。 　a）顧客要求事項及び適用される法令・規制要求事項を満たした製品を一貫して提供する能力をもつことを実証する必要がある場合 ＊製品又はサービス ← 製品 　b）品質マネジメントシステムの継続的改善のプロセスを含むシステムの効果的な適用，並びに顧客要求事項及び適用される法令・規制要求事項への適合の保証を通して，顧客満足の向上を目指す場合 ＊改善 ← 継続的改善 ＊顧客満足の定義が変わっている．（次ページの定義を参照） 1.2　適用 ・この規格の要求事項は，はん（汎）用性があり，業種及び形態，規模，並びに提供する製品を問わず，あらゆる組織に適用できることを意図している。 ＊上記の1.2項に記載されていた「除外」については，2015年版の箇条4.3を参照． ・注記1　この規格の"製品"という用語は，次の製品に限定して用いられる。 　a）顧客向けに意図された製品，又は顧客に要求された製品 　b）製品実現プロセスの結果として生じる，意図したアウトプットすべて ・注記2　法令・規制要求事項は，法的要求事項と表現することもある。 ・注記3　この規格の対応国際規格及びその対応の程度を表す記号を，次に示す。 ISO 9001:2008, Quality management systems − Requirement (IDT) なお，対応の程度を表す記号（IDT）は，ISO/IEC Guide 21 に基づき，一致していることを示す。

*改訂の目的
①今後 10 年以上に渡って安定して利用できる要求事項のコアセットを提供する．
②組織の事業環境の変化を反映した要求事項にする．
③効果的な適合性評価を容易にする．
④組織への信頼感を与えられるような規格とする．

*規格見直しの 5 つの設計仕様書
①適合製品の提供能力に関する信頼を向上させる．
②あらゆる組織に適用可能な規格とする．
③ ISO 9001：2008 の箇条 1 のスコープ（適用範囲）は変更なし．→ 箇条 1 参照
④附属書 SL（共通テキスト）を適用する．
⑤プロセスアプローチの理解向上を図る．→ 箇条 4.4 参照

定義（JIS Q 9000：2015）
　製品（3.7.6）：
　　・組織（3.2.1）と顧客（3.2.4）との間の処理・行為なしに生み出され得る，組織のアウトプット（3.7.5）．
　　・注記 1　製品の製造は，提供者（3.2.5）と顧客との間で行われる処理・行為なしでも達成されるが，顧客への引き渡しにおいては，提供者と顧客との間で行われる処理・行為のようなサービス（3.7.7）要素を伴う場合が多い．
　　・注記 2　製品の主要な要素は，一般にそれが有形であることである．
　　・注記 3　ハードウェアは，有形で，その量は数えることができる特性（3.10.1）をもつ（例　タイヤ）．
　　　素材製品は，有形で，その量は連続的な特性をもつ（例　燃料，清涼飲料水）．
　　　ハードウェア及び素材製品は，品物と呼ぶ場合が多い．
　　　ソフトウェアは，提供媒体にかかわらず，情報（3.8.2）から構成される（例　コンピュータプログラム，携帯電話のアプリケーション，指示マニュアル，辞書コンテンツ，音楽の作曲著作権，運転免許）．

　サービス（3.7.7）：
　　・組織（3.2.1）と顧客（3.2.4）との間で必ず実行される，少なくとも一つの活動を伴う組織のアウトプット（3.7.5）．
　　・注記 1　サービスの主要な要素は，一般にそれが無形であることである．
　　・注記 2　サービスは，サービスを提供するときに活動を伴うだけでなく，顧客とのインターフェースにおける，顧客要求事項（3.6.4）を設定するための活動を伴うことが多く，また，銀行，会計事務所，公的機関（例　学校，病院）などのように継続的な関係を伴う場合が多い．
　　・注記 3　サービスの提供には，例えば，次のものがあり得る．
　　　－顧客支給の有形の製品（3.7.6）（例　修理される車）に対して行う活動
　　　－顧客支給の無形の製品（例　納税申告に必要な収支情報）に対して行う活動
　　　－無形の製品の提供［例　知識伝達という意味での情報（3.8.2）提供］
　　　－顧客のための雰囲気作り（例　ホテル内，レストラン内）
　　・注記 4　サービスは，一般に，顧客によって経験される．

　改善（3.3.1）：
　　・パフォーマンス（3.7.8）を向上するための活動．

- 注記　活動は，繰り返し行われることも，又は一回限りであることもあり得る．

継続的改善（3.3.2）：
- パフォーマンス（3.7.8）を向上するために繰り返し行われる活動．
- 注記1　改善（3.3.1）のための目標（3.7.1）を設定し，改善の機会を見出すプロセス（3.4.1）は，監査所見（3.13.9）及び監査結論（3.13.10）の利用，データ（3.8.1）の分析，マネジメント（3.3.3）レビュー（3.11.2）又は他の方法を活用した継続的なプロセスであり，一般に是正処置（3.12.2）又は予防処置（3.12.1）につながる．

顧客満足（3.9.2）：
- 顧客（3.2.4）の期待が満たされている程度に関する顧客の受け止め方．
  参考：JIS Q 9000:2006　3.1.4
  　　　顧客の要求事項（3.1.2）が満たされている程度に関する顧客の受けとめ方．
  ＊顧客満足の定義が広がっている．（期待　←　要求事項）

2. 引用規格

JIS Q 9001:2015	JIS Q 9001:2008
2　引用規格 ・次に掲げる規格は，この規格に引用されることによって，この規格の規定の一部を構成する． ・この引用規格は，記載の年の版を適用し，その後の改正版（追補を含む．）は適用しない． 　JIS Q 9000:2015　品質マネジメントシステム－基本及び用語	2　引用規格 ・次に掲げる規格は，この規格に引用されることによって，この規格の規定の一部を構成する． ・この引用規格は，記載の年の版を適用し，その後の改正版（追補を含む．）は適用しない． 　JIS Q 9000:2006　品質マネジメントシステム－基本及び用語 ・注記　対応国際規格：ISO 9000:2005, Quality management systems－Fundamentals and vocabulary（IDT）

3. 用語及び定義

JIS Q 9001:2015	JIS Q 9001:2008
3　用語及び定義 ・この規格で用いる主な用語及び定義は，JIS Q 9000:2015 による．	3　用語及び定義 ・この規格で用いる主な用語及び定義は，ISO 9000 による． ・この規格で，"製品"という用語は，"サービス"も併せて意味する．

■ 4. 組織の状況

JIS Q 9001:2015	JIS Q 9001:2008
4 組織の状況 4.1 組織及びその状況の理解 ・組織は，組織の目的及び戦略的な方向性に関連し，かつ，その品質マネジメントシステムの意図した結果を達成する組織の能力に影響を与える，外部及び内部の課題を明確にしなければならない． ・組織は，これらの外部及び内部の課題に関する情報を監視し，レビューしなければならない． ・注記1 課題には，検討の対象となる，好ましい要因又は状態，及び好ましくない要因又は状態が含まれ得る． ・注記2 外部の状況の理解は，国際，国内，地方又は地域を問わず，法令，技術，競争，市場，文化，社会及び経済の環境から生じる課題を考えることによって容易になり得る． ・注記3 内部の状況の理解は，組織の価値観，文化，知識及びパフォーマンスに関する課題を検討することによって容易になり得る．	＊新規の箇条 ＊意図した結果（intended result（s）） ＊課題（issues）は箇条6の計画に反映する． ＊附属書A.6を参照（文書化を要求していない．） ＊課題には「好ましい」と「好ましくない」がある．

＊「意図した結果」には箇条1に記述されている下記が含まれる．
  a）組織が，顧客要求事項及び適用される法令・規制要求事項を満たした製品及びサービスを一貫して提供する能力をもつことを実証する必要がある場合．
  b）組織が，品質マネジメントシステムの改善のプロセスを含むシステムの効果的な適用，並びに顧客要求事項及び適用される法令・規制要求事項への適合の保証を通して，顧客満足の向上を目指す場合．
＊課題の例
  外部：国際情勢の変化，法規制の変更，顧客要求の変化，技術の進歩，情報システムの進歩，競合他社の動向，外部資源の入手，気候変動，自然災害，生物多様性
  内部：組織の経営戦略，資金，活動・製品・サービスの変化，人員の能力，技術，インフラ，情報システム

《JIS Q 9001:2015》

附属書A.6 文書化した情報
・この規格のある箇所は，"文書化した情報"というよりも，"情報"に言及している（例えば，4.1には，"組織は，これらの外部及び内部の課題に関する情報を監視し，レビューしなければならない．"とある．）．この情報を文書化しなければならないという要求事項はない．

4章 2015年版と2008年版の詳細比較

4.2 利害関係者のニーズ及び期待の理解 ・次の事項は，顧客要求事項及び適用される法令・規制要求事項を満たした製品及びサービスを一貫して提供する組織の能力に影響又は潜在的影響を与えるため，組織は，これらを明確にしなければならない． 　a）品質マネジメントシステムに密接に関連する利害関係者 　b）品質マネジメントシステムに密接に関連するそれらの利害関係者の要求事項 ・組織は，これらの利害関係者及びその関連する要求事項に関する情報を監視し，レビューしなければならない．	＊新規の箇条 ＊すべての利害関係者ではない．組織が大事と思う利害関係者を意味する．（下記附属書 A.3 参照）

定義（JIS Q 9000：2015）

利害関係者（3.2.3）
- ある決定事項若しくは活動に影響を与え得るか，その影響を受け得るか，又はその影響を受けると認識している，個人又は組織（3.2.1）．
- 例　顧客（3.2.4），所有者，組織内の人々，提供者（3.2.5），銀行家，規制当局，組合，パートナ，社会（競争相手又は対立する圧力団体を含むこともある．）

要求事項（3.6.4）
- 明示されている，通常暗黙のうちに了解されている又は義務として要求されている，ニーズ又は期待．
- 注記1　"通常暗黙のうちに了解されている"とは，対象となるニーズ又は期待が暗黙のうちに了解されていることが，組織（3.2.1）及び利害関係者（3.2.3）にとって，慣習又は慣行であることを意味する．
- 注記2　規定要求事項とは，例えば，文書化した情報（3.8.6）の中で明示されている要求事項をいう．
- 注記3　特定の種類の要求事項であることを示すために，修飾語を用いることがある．
例　製品（3.7.6）要求事項，品質マネジメント（3.3.4）要求事項，顧客（3.2.4）要求事項，品質要求事項（3.6.5）
- 注記4　要求事項は，異なる利害関係者又は組織自身から出されることがある．
- 注記5　顧客の期待が明示されていない，暗黙のうちに了解されていない又は義務として要求されていない場合でも，高い顧客満足（3.9.2）を達成するために顧客の期待を満たすことが必要なことがある．

《JIS Q 9001：2015》

附属書 A.3　利害関係者のニーズ及び期待の理解
- 4.2は，組織が品質マネジメントシステムに密接に関連する利害関係者，及びそれらの利害関係者の要求事項を明確にするための要求事項を規定している．
- しかし，4.2は，品質マネジメントシステム要求事項が，この規格の適用範囲を越えて拡大されることを意味しているのではない．
- 適用範囲で規定しているように，この規格は，組織が顧客要求事項及び適用される法令・規制要求事項を満たした製品又はサービスを一貫して提供する能力をもつことを実証する

- 必要がある場合,並びに顧客満足の向上を目指す場合に適用できる.
- この規格では,組織に対し,組織が自らの品質マネジメントシステムに密接に関連しないと決定した利害関係者を考慮することは要求していない.
- 密接に関連する利害関係者の特定の要求事項が自らの品質マネジメントシステムに密接に関連するかどうかを決定するのは,組織である.

4.3 品質マネジメントシステムの適用範囲の決定 ・組織は,品質マネジメントシステムの適用範囲を定めるために,その境界及び適用可能性を決定しなければならない. ・この適用範囲を決定するとき,組織は,次の事項を考慮しなければならない. 　a)4.1に規定する外部及び内部の課題 　b)4.2に規定する,密接に関連する利害関係者の要求事項 　c)組織の製品及びサービス ・決定した品質マネジメントシステムの適用範囲内でこの規格の要求事項が,適用可能ならば,組織は,これらを全て適用しなければならない. ・組織の品質マネジメントシステムの適用範囲は,文書化した情報として利用可能な状態にし,維持しなければならない.	*要求が強化されている.
・適用範囲では,対象となる製品及びサービスの種類を明確に記載し,組織が自らの品質マネジメントシステムの適用範囲への適用が不可能であることを決定したこの規格の要求事項全てについて,その正当性を示さなければならない. ・適用不可能なことを決定した要求事項が,組織の製品及びサービスの適合並びに顧客満足の向上を確実にする組織の能力又は責任に影響を及ぼさない場合に限り,この規格への適合を表明してもよい.	**1.2 適用** ・組織及びその製品の性質によって,この規格の要求事項のいずれかが適用不可能な場合には,その要求事項の除外を考慮することができる. ・除外を行うことが,顧客要求事項及び適用される法令・規制要求事項を満たす製品を提供するという組織の能力,又は責任に何らかの影響を及ぼすものであるならば,この規格への適合の宣言は受け入れられない. ・このような除外を行う場合には,除外できる要求事項は箇条7に規定する要求事項に限定される.

*除外が検討される可能性のある要求事項は,あえてどの箇条かは明記していない.
製品及びサービス実現に関わる要求事項と考えられる.
恣意的な要求事項の除外はできない.

《JIS Q 9001:2015》

附属書 A.5　適用可能性
- この規格は，組織の品質マネジメントシステムへの要求事項の適用可能性に関する"除外"について言及していない．
- ただし，組織は，組織の規模又は複雑さ，組織が採用するマネジメントモデル，組織の活動の範囲，並びに組織が遭遇するリスク及び機会の性質による要求事項の適用可能性をレビューすることができる．
- 4.3 は，適用可能性に関する要求事項を規定しており，そこに定める条件に基づいて，組織は，ある要求事項が組織の品質マネジメントシステムの適用範囲内でどのプロセスにも適用できないことを決定することができる．
- その決定が，製品及びサービスの適合が達成されないという結果を招かない場合に限り，組織は，その要求事項を適用不可能と決定することができる．

4.4　品質マネジメントシステム及びそのプロセス 4.4.1　組織は，この規格の要求事項に従って，必要なプロセス及びそれらの相互作用を含む，品質マネジメントシステムを確立し，実施し，維持し，かつ，継続的に改善しなければならない． ・組織は，品質マネジメントシステムに必要なプロセス及びそれらの組織全体にわたる適用を決定しなければならない． ・また，次の事項を実施しなければならない． 　a）これらのプロセスに必要なインプット，及びこれらのプロセスから期待されるアウトプットを明確にする． 　b）これらのプロセスの順序及び相互作用を明確にする． 　c）これらのプロセスの効果的な運用及び管理を確実にするために必要な判断基準及び方法（監視，測定及び関連するパフォーマンス指標を含む）を決定し，適用する． 　d）これらのプロセスに必要な資源を明確にし，及びそれが利用できることを確実にする． 　e）これらのプロセスに関する責任及び権限を割り当てる． 　f）6.1 の要求事項に従って決定したとおりにリスク及び機会に取り組む．	**4　品質マネジメントシステム** **4.1　一般要求事項** ・組織は，この規格の要求事項に従って，品質マネジメントシステムを確立し，文書化し，実施し，維持しなければならない．また，その品質マネジメントシステムの有効性を継続的に改善しなければならない． ・組織は，次の事項を実施しなければならない． 　a）品質マネジメントシステムに必要なプロセス及びそれらの組織への適用を明確にする（1.2 参照）． ＊インプット，アウトプット：追加 　b）これらのプロセスの順序及び相互関係を明確にする． 　c）これらのプロセスの運用及び管理のいずれもが効果的であることを確実にするために必要な判断基準及び方法を明確にする． ＊パフォーマンス指標：追加 　e）これらのプロセスを監視し，適用可能な場合には測定し，分析する． 　d）これらのプロセスの運用及び監視を支援するために必要な資源及び情報を利用できることを確実にする． ＊責任及び権限：追加 ＊リスク及び機会：追加

g）これらのプロセスを評価し，これらのプロセスの意図した結果の達成を確実にするために必要な変更を実施する． h）これらのプロセス及び品質マネジメントシステムを改善する． 4.4.2　組織は，必要な程度まで，次の事項を行わなければならない． 　a）プロセスの運用を支援するための文書化した情報を維持する． 　b）プロセスが計画どおりに実施されたと確信するための文書化した情報を保持する．	＊変更：追加 　f）これらのプロセスについて，計画どおりの結果を得るため，かつ，継続的改善を達成するために必要な処置をとる． ・組織は，これらのプロセスを，この規格の要求事項に従って運営管理しなければならない． ＊アウトソースに関する**要求事項**は，**8.1 参照**． ・要求事項に対する製品の適合性に影響を与えるプロセスをアウトソースすることを組織が決めた場合には，組織はアウトソースしたプロセスに関して管理を確実にしなければならない． ・これらのアウトソースしたプロセスに適用される管理の方式及び程度は，組織の品質マネジメンシステムの中で定めなければならない． ・注記1　品質マネジメントシステムに必要となるプロセスには，運営管理活動，資源の提供，製品実現，測定，分析及び改善にかかわるプロセスが含まれる． ・注記2　"アウトソースしたプロセス"とは，組織の品質マネジメントシステムにとって必要であり，その組織が外部に実施させることにしたプロセスである． ・注記3　アウトソースしたプロセスに対する管理を確実にしたとしても，すべての顧客要求事項及び法令・規制要求事項への適合に対する組織の責任が免除されるものではない．アウトソースしたプロセスに適用される管理の方式及び程度は，次のような要因によって影響され得る． 　a）要求事項に適合する製品を提供するために必要な組織の能力に対する，アウトソースしたプロセスの影響の可能性 　b）そのプロセスの管理への関与の度合い 　c）7.4の適用において必要な管理を遂行する能力

*この箇条では，プロセスアプローチを採用するために不可欠と考えられる特定の要求事項を含んでいる．
　設計仕様「⑤プロセスアプローチの理解向上を図る」に対応．
*文書化した情報を「維持（naintain）」は文書を，「保持（retain）」は記録を意味する．
*文書化について，より柔軟に考えてもらうことが用語を変更した意図である．

■ 5. リーダーシップ

JIS Q 9001：2015	JIS Q 9001：2008
5　リーダーシップ 5.1　リーダーシップ及びコミットメント 5.1.1　一般 ・トップマネジメントは，次に示す事項によって，品質マネジメントシステムに関するリーダーシップ及びコミットメントを実証しなければならない．	5　経営者の責任 5.1　経営者のコミットメント ・トップマネジメントは，品質マネジメントシステムの構築及び実施，並びにその有効性を継続的に改善することに対するコミットメントの証拠を，次の事項によって示さなければならない． *「コミットメントの証拠を示す（provide evidence）」から「リーダーシップ及びコミットメントを実証（demonstrate）」へと強化． *今の状況を把握していることが求められている．
a）品質マネジメントシステムの有効性に説明責任（accountability）を負う．	*説明責任については，欄外を参照．
b）品質マネジメントシステムに関する品質方針及び品質目標を確立し，それらが組織の状況及び戦略的な方向性と両立することを確実にする． c）組織の事業プロセスへの品質マネジメントシステム要求事項の統合を確実にする．	b）品質方針を設定する． c）品質目標が設定されることを確実にする． *事業プロセス（business processes） *事業の中長期計画との整合性が要求されている． 　実態と乖離したQMSの運用は認められない．
d）プロセスアプローチ及びリスクに基づく考え方の利用を促進する． e）品質マネジメントシステムに必要な資源が利用可能であることを確実にする． f）有効な品質マネジメント及び品質マネジメントシステム要求事項への適合の重要性を伝達する．	*箇条4.4との関連性が重要． e）資源が使用できることを確実にする． a）法令・規制要求事項を満たすことは当然のこととして，顧客要求事項を満たすことの重要性を組織内に周知する．

g）品質マネジメントシステムがその意図した結果を達成することを確実にする.	*箇条1が基本
h）品質マネジメントシステムの有効性に寄与するよう人々を積極的に参加させ，指揮し，支援する.	*7原則を反映
i）改善を促進する.	
j）その他の関連する管理層がその責任の領域においてリーダーシップを実証するよう，管理層の役割を支援する.	*7原則を反映
	d）マネジメントレビューを実施する.
・注記　この規格で"事業"という場合，それは，組織が公的か私的か，営利か非営利かを問わず，組織の存在の目的の中核となる活動という広義の意味で解釈され得る.	

＊5項目が10項目に増加し，これらを実証しなければならない．
＊トップの関与が強化され，目に見えるかたちで示される必要がある．
＊説明責任（accountability）：有効性に対して責任を負っていることの説明という意味と，有効性がこのようになった理由を納得されるように説明するという意味の両方が含まれる．
＊トップはQMSが効果的に運用されているかどうかを自らの言葉で説明できることが求められる．
　例えば：
　・組織の事業目的に対するQMSの位置づけとその中でのQMSへの期待
　・品質目標の達成状況
　・プロセスアプローチの説明
　・マネジメントレビューのアウトプットの取組み状況
　・内部監査の実施状況　など
＊強化された内容
　・QMSの有効性に説明責任を負う．
　・事業プロセスへのQMS要求事項の統合を確実にする．
　・プロセスアプローチとリスクに基づく考え方の利用を促進する．
　・QMSの意図した結果の達成を確実にする．
　・人々を積極的に参加させ，指揮し，支援する．
　・管理層の役割（リーダーシップの発揮）を支援する．

5.1.2 顧客重視 ・トップマネジメントは，次の事項を確実にすることによって，顧客重視に関するリーダーシップ及びコミットメントを実証しなければならない． 　a）顧客要求事項及び適用される法令・規制要求事項を明確にし，理解し，一貫してそれを満たしている． 　b）製品及びサービスの適合並びに顧客満足を向上させる能力に影響を与え得る，リスク及び機会を決定し，取り組んでいる． 　c）顧客満足向上の重視が継続されている．	5.2　顧客重視 ＊5.1.1と同様に実証することを要求． ・顧客満足の向上を目指して，トップマネジメントは，顧客要求事項が決定され，満たされていることを確実にしなければならない（7.2.1及び8.2.1参照）． ＊リスク及び機会：追加

＊上記のa）とc）は，箇条1のa）とb）に対応（意図した結果）

5.2　方針 5.2.1　品質方針の確立 ・トップマネジメントは，次の事項を満たす品質方針を確立し，実施し，かつ，維持しなければならない． 　a）組織の目的及び状況に対して適切であり，組織の戦略的な方向性を支援する． 　b）品質目標の設定のための枠組みを与える． 　c）適用される要求事項を満たすことへのコミットメントを含む． 　d）品質マネジメントシステムの継続的改善へのコミットメントを含む． 5.2.2　品質方針の伝達 ・品質方針は，次に示す事項を満たさなければならない． 　a）文書化した情報として利用可能な状態にされ，維持される． 　b）組織内に伝達し，理解され，適用される． 　c）必要に応じて，密接に関連する利害関係者が入手可能である．	5.3　品質方針 ・トップマネジメントは，品質方針について，次の事項を確実にしなければならない． 　a）組織の目的に対して適切である． 　c）品質目標の設定及びレビューのための枠組みを与える． 　b）要求事項への適合及び品質マネジメントシステムの有効性の継続的な改善に対するコミットメントを含む． 　d）組織全体に伝達され，理解される． ＊密接に関連する利害関係者：追加 　e）適切性の持続のためにレビューされる

5.3　組織の役割，責任及び権限	5.5　責任，権限及びコミュニケーション
・トップマネジメントは，関連する役割に対して，責任及び権限が割り当てられ，組織全体に伝達され，理解されることを確実にしなければならない．	5.5.1　責任及び権限 ・トップマネジメントは，責任及び権限が定められ，組織全体に周知されていることを確実にしなければならない．
・トップマネジメントは，次の事項に対して，責任及び権限を割り当てなければならない．	5.5.2　管理責任者 ・トップマネジメントは，組織の管理層の中から管理責任者を任命しなければならない． ・管理責任者は，与えられている他の責任とかかわりなく，次に示す責任及び権限をもたなければならない．
a）品質マネジメントシステムが，この規格の要求事項に適合することを確実にする．	a）品質マネジメントシステムに必要なプロセスの確立，実施及び維持を確実にする．
b）プロセスが，意図したアウトプットを生み出すことを確実にする．	＊追加
c）品質マネジメントシステムのパフォーマンス及び改善（10.1参照）の機会を特にトップマネジメントに報告する．	b）品質マネジメントシステムの成果を含む実施状況及び改善の必要性の有無について，トップマネジメントに報告する．
d）組織全体にわたって，顧客重視を促進することを確実にする．	c）組織全体にわたって，顧客要求事項に対する認識を高めることを確実にする．
e）品質マネジメントシステムへの変更を計画し，実施する場合には，品質マネジメントシステムを"完全に整っている状態"（integrity）に維持することを確実にする．	＊追加 ＊完全性（integrity） ・注記　管理責任者の責任には，品質マネジメントシステムに関する事項について外部と連絡をとることも含めることができる．

＊管理責任者の任命要求はないが，同等の内容の責任と権限の割り当ては求められる．

6. 品質マネジメントシステムに関する計画

JIS Q 9001:2015	JIS Q 9001:2008
6 計画 6.1 リスク及び機会への取組み 6.1.1 品質マネジメントシステムの計画を策定するとき,組織は,4.1 に規定する課題及び 4.2 に規定する要求事項を考慮し,次の事項のために取り組む必要があるリスク及び機会を決定しなければならない.	5.4 計画 ＊リスク及び機会の特定はシステムの計画段階であり,戦略レベルのものとなる. ＊機会：opportunities
a) 品質マネジメントシステムが,その意図した結果を達成できるという確信を与える. b) 望ましい影響を増大する. c) 望ましくない影響を防止又は低減する. d) 改善を達成する.	＊意図した結果：箇条 1 参照
6.1.2 組織は,次の事項を計画しなければならない. a) 上記によって決定したリスク及び機会への取組み b) 次の事項を行う方法 　1) その取組みの品質マネジメントシステムプロセスへの統合及び実施(4.4 参照) 　2) その取組みの有効性の評価 ・リスク及び機会への取組みは,製品及びサービスの適合への潜在的影響と見合ったものでなければならない. ・注記 1 リスクへの取組みの選択肢には,リスクを回避すること,ある機会を追求するためにそのリスクを取ること,リスク源を除去(remove)すること,起こりやすさ若しくは結果を変えること,リスクを共有すること,又は情報に基づいた意思決定によってリスクを保有することが含まれ得る. ・注記 2 機会は,新たな慣行の採用,新製品の発売,新市場の開拓,新たな顧客への取組み,パートナーシップの構築,新たな技術の使用,及び組織のニーズ又は顧客のニーズに取り組むためのその他の望ましくかつ実行可能な可能性につながり得る.	＊この計画が「4.4 QMS 及びそのプロセス」に繋がる.

* 計画が求められている箇条：6／8.1／8.3.2／9.2／9.3.2
* 2015年版には，予防処置の要求はないが，**QMS の主要な目的の1つは，予防のツール**として機能することである．
* 「リスクに基づく考え方」であり，「リスクマネジメント」は要求していない．
* リスクの管理ではなく，計画どおりにいかないリスクについて考え，事前に対処するというアプローチが求められている．
* オックスフォードの辞書では，
 機会（opportunities）：a time when a particular situation makes it possible to do or achieve something,「何かをする良い時機」の意味で理解される．
 脅威（threats）：indication of something undesirable coming,
* 解釈の例
 リスク：今はどうなるか確実にはわからないが，ある事柄に対して起こる「良い／悪い」いずれかの影響をいう．
   計画段階で懸念事項をできるだけ多く抽出し，事前に対策を打っておくこと．
   リスクへの取組みは，計画したことが計画どおりに行くために懸念事項に対して事前に手を打つ取組みといえる．
 機会　：何かをする良いタイミング（状況・時期）のこと．
   ある問題，課題，またはより積極的に取組むと良い事柄が認識され，それに取組む好機を意味する．
   機会への取組みは，計画以上の成果を得るための積極てきな取組みといえる．
* リスクと機会は，異なる意味をもち，相対する関係ではない．ただ，それぞれは関連し合う関係にある．

定義（JIS Q 9000：2015）
　リスク（3.7.9）
　・不確かさの影響．
　・注記1　影響とは，期待されていることから，好ましい方向又は好ましくない方向にかい（乖）離することをいう．
　・注記2　不確かさとは，事象，その結果又はその起こりやすさに関する，情報（3.8.2），理解又は知識に，たとえ部分的にでも不備がある状態をいう．
　・注記3　リスクは，起こり得る事象（JIS Q 0073：2010 の 3.5.1.3 の定義を参照）及び結果（JIS Q 0073：2010 の 3.6.1.3 の定義を参照），又はこれらの組合せについて述べることによって，その特徴を示すことが多い．
　・注記4　リスクは，ある事象（その周辺状況の変化を含む）の結果とその発生の起こりやすさ（JIS Q 0073：2010 の 3.6.1.1 の定義を参照）との組合せとして表現されることが多い．
　・注記5　"リスク"という言葉は，好ましくない結果にしかならない可能性の場合に使われることがある．
　・注記6　この用語及び定義は，ISO/IEC 専門業務用指針－第1部：統合版 ISO 補足指針の附属書 SL に示された ISO マネジメントシステム規格の共通用語及び中核となる定義の一つを成す．元の定義にない注記5を追加した．

《JIS Q 9001：2015》

附属書A.4　リスクに基づく考え方
- リスクに基づく考え方の概念は，例えば，計画策定，レビュー及び改善に関する要求事項を通じて，従来からこの規格の旧版に含まれていた．
- この規格は，組織が自らの状況を理解し（4.1参照），計画策定の基礎としてリスクを決定する（6.1参照）ための要求事項を規定している．
- これは，リスクに基づく考え方を品質マネジメントシステムプロセスの計画策定及び実施に適用することを示しており（4.4参照），文書化した情報の程度を決定する際に役立つ．
- 品質マネジメントシステムの主な目的の一つは，予防ツールとしての役割を果たすことである．
- したがって，この規格には，予防処置に関する個別の箇条又は細分箇条はない．
- 予防処置の概念は，品質マネジメントシステム要求事項を策定する際に，リスクに基づく考え方を用いることで示されている．
- この規格で適用されているリスクに基づく考え方によって，規範的な要求事項の一部削減，及びパフォーマンスに基づく要求事項によるそれらの置換えが可能となった．
- プロセス，文書化した情報及び組織の責任に関する要求事項の柔軟性は，JIS Q 9001：2008よりも高まっている．
- 6.1は，組織がリスクへの取組みを計画しなければならないことを規定しているが，リスクマネジメントのための厳密な方法又は文書化したリスクマネジメントプロセスは要求していない．
- 組織は，例えば，他の手引又は規格の適用を通じて，この規格で要求しているよりも広範なリスクマネジメントの方法論を展開するかどうかを決定することができる．
- 品質マネジメントシステムの全てのプロセスが，組織の目標を満たす能力の点から同じレベルのリスクを示すとは限らない．
- また，不確かさがもたらす影響は，全ての組織にとって同じではない．
- 6.1の要求事項の下で，組織は，リスクに基づく考え方の適用，及びリスクを決定した証拠として文書化した情報を保持するかどうかを含めた，リスクへの取組みに対して責任を負う．

6.2　品質目標及びそれを達成するための計画策定 6.2.1　組織は，品質マネジメントシステムに必要な，関連する機能，階層及びプロセスにおいて，品質目標を確立しなければならない．	5.4.1　品質目標 ・トップマネジメントは，組織内のしかるべき部門及び階層で，製品要求事項を満たすために必要なものを含む品質目標［7.1a）参照］が設定されていることを確実にしなければならない． ＊品質目標の確立対象に「プロセス」が明示された． ＊functionの訳を「機能 ← 部門」に変えた． ＊リスクとの関連性は記述されていない．
・品質目標は，次の事項を満たさなければならない． 　a）品質方針と整合している． 　b）測定可能である．	・品質目標は，その達成度が判定可能で，品質方針との整合がとれていなければならない．

c）適用される要求事項を考慮に入れる． d）製品及びサービスの適合，並びに顧客満足の向上に関連している． e）監視する． f）伝達する． g）必要に応じて，更新する． ・組織は，品質目標に関する文書化した情報を維持しなければならない．	＊c）〜g）が追加
6.2.2　組織は，品質目標をどのように達成するかについて計画するとき，次の事項を決定しなければならない． a）実施事項 b）必要な資源 c）責任者 d）実施事項の完了時期 e）結果の評価方法	5.4.2　品質マネジメントシステムの計画 ・トップマネジメントは，次の事項を確実にしなければならない． 　a）品質目標に加えて4.1に規定する要求事項を満たすために，品質マネジメントシステムの計画を策定する． ＊a）〜e）具体的な項目が追加
6.3　変更の計画 ・組織が品質マネジメントシステムの変更の必要性を決定したとき，その変更は，計画的な方法で行わなければならない（4.4参照）． ・組織は，次の事項を考慮しなければならない． 　a）変更の目的，及びそれによって起こり得る結果 　b）品質マネジメントシステムの完全に整っている状態 　c）資源の利用可能性 　d）責任及び権限の割当て又は再割当て	5.4.2　品質マネジメントシステムの計画 　b）品質マネジメントシステムの変更を計画し，実施する場合には，品質マネジメントシステムを"完全に整っている状態"（integrity）に維持する． ＊変更管理の要求が強化（リスクに基づく考えかたの現われである.） ＊完全性（integrity）

＊文書化の要求はない．
＊変更に関する要求が記述されている箇条
　4.4／5.3／6.2／6.3／7.1.6／7.5.2／7.5.3／8.1／8.2.1／8.2.4／8.3.6／8.5.6／9.2／9.3.2／9.3.3／10.2

■ 7. 支　援

JIS Q 9001：2015	JIS Q 9001：2008
7　支援 **7.1　資源** 7.1.1　一般 ・組織は，品質マネジメントシステムの確立，実施，維持及び継続的改善に必要な資源を明確にし，提供しなければならない． ・組織は，次の事項を考慮しなければならない． 　a) 既存の内部資源の実現能力及び制約 　b) 外部提供者から取得する必要があるもの	6　資源の運用管理 6.1　資源の提供 ・組織は，次の事項に必要な資源を明確にし，提供しなければならない． 　a) 品質マネジメントシステムを実施し，維持する．また，その有効性を継続的に改善する． 　b) 顧客満足を，顧客要求事項を満たすことによって向上する． ＊内部の資源と外部からの提供される資源の両方を考慮
7.1.2　人々 ・組織は，品質マネジメントシステムの効果的な実施，並びにそのプロセスの運用及び管理のために必要な人々を明確にし，提供しなければならない．	＊必要な人々の手配を確実にすることを要求　手配された人々に対する必要となる管理は7.2と7.3で規定
7.1.3　インフラストラクチャ ・組織は，プロセスの運用に必要なインフラストラクチャ，並びに製品及びサービスの適合を達成するために必要なインフラストラクチャを明確にし，提供し，維持しなければならない． ・注記　インフラストラクチャには，次の事項が含まれ得る． 　a) 建物及び関連するユーティリティ 　b) 設備．これにはハードウェア及びソフトウェアを含む． 　c) 輸送のための資源 　d) 情報通信技術	6.3　インフラストラクチャー ・組織は，製品要求事項への適合を達成するうえで必要とされるインフラストラクチャーを明確にし，提供し，維持しなければならない． ・インフラストラクチャーとしては，次のようなものが該当する場合がある． 　a) 建物，作業場所及び関連するユーティリティー（例えば，電気，ガス又は水） ＊ユーティリティ（utility）の例示を削除 　b) 設備（ハードウェア及びソフトウェア） 　c) 支援体制（例えば，輸送，通信又は情報システム）

＊2008年版のa)〜c)は，shallがない文章であったので，改訂規格では注記に移されている．

7.1.4 プロセスの運用に関する環境 ・組織は，プロセスの運用に必要な環境，並びに製品及びサービスの適合を達成するために必要な環境を明確にし，提供し，維持しなければならない。 ・注記　適切な環境は，次のような人的及び物理的要因の組合せであり得る。 　a）社会的要因（例えば，非差別的，平穏，非対立的） 　b）心理的要因（例えば，ストレス軽減，燃え尽き症候群防止，心のケア） 　c）物理的要因（例えば，気温，熱，湿度，光，気流，衛生状態，騒音） ・これらの要因は，提供する製品及びサービスによって，大いに異なり得る。	6.4　作業環境 ・組織は，製品要求事項への適合を達成するために必要な作業環境を明確にし，運営管理しなければならない。 ・注記　"作業環境"という用語は，物理的，環境的及びその他の要因を含む（例えば，騒音，気温，湿度，照明又は天候），作業が行われる状態と関連している。

＊「作業」を「プロセス運用に関する」と変更している。
作業という表現はサービス業にはなじみがないこと，また，作業環境では，制御不可能な外的要因（天候）などが含まれてしまい，ここで焦点を置くべきは制御可能なものであることから，プロセスの表現が使われた。

7.1.5　監視及び測定のための資源 7.1.5.1　一般 ・要求事項に対する製品及びサービスの適合を検証するために監視又は測定を用いる場合，組織は，結果が妥当で信頼できるものであることを確実にするために必要な資源を明確にし，提供しなければならない。 ・組織は，用意した資源が次の事項を満たすことを確実にしなければならない。 　a）実施する特定の種類の監視及び測定活動に対して適切である。 　b）その目的に継続して合致することを確実にするために維持されている。 ・組織は，監視及び測定のための資源が目的と合致している証拠として，適切な文書化した情報を保持しなければならない。	7.6　監視機器及び測定機器の管理 ＊現行規格の「7　製品実現」から資源の箇条に移された。 ＊サービス産業を配慮して，「機器」という表現を避け，「資源」として，対象を広げている（人も入る）。 ・定められた要求事項に対する製品の適合性を実証するために，組織は，実施すべき監視及び測定を明確にしなければならない。 ・また，そのために必要な監視機器及び測定機器を明確にしなければならない。 ・組織は，監視及び測定の要求事項との整合性を確保できる方法で監視及び測定が実施できることを確実にするプロセスを確立しなければならない。

7.1.5.2　測定のトレーサビリティ ・測定のトレーサビリティが，要求事項となっている場合，又は組織がそれを測定結果の妥当性に信頼を与えるための不可欠な要素とみなす場合には，測定機器は，次の事項を満たさなければならない． 　a）定められた間隔で又は使用前に，国際計量標準又は国家計量標準に対してトレーサブルである計量標準に照らして校正若しくは検証，又はそれらの両方を行う． 　　そのような標準が存在しない場合には，校正又は検証に用いたよりどころを，文書化した情報として保持する． 　b）それらの状態を明確にするために識別を行う． 　c）校正の状態及びそれ以降の測定結果が無効になってしまうような調整，損傷又は劣化から保護する． ・測定機器が意図した目的に適していないことが判明した場合，組織は，それまでに測定した結果の妥当性を損なうものであるか否かを明確にし，必要に応じて，適切な処置をとらなければならない．	＊ここから「機器」という表現が使われている． ・測定値の正当性が保証されなければならない場合には，測定機器に関し，次の事項を満たさなければならない． 　a）定められた間隔又は使用前に，国際又は国家計量標準にトレーサブルな計量標準に照らして校正若しくは検証，又はその両方を行う． 　　そのような標準が存在しない場合には，校正又は検証に用いた基準を記録する（4.2.4参照）． 　b）機器の調整をする，又は必要に応じて再調整する． 　c）校正の状態を明確にするために識別を行う． 　d）測定した結果が無効になるような操作ができないようにする． 　e）取扱い，保守及び保管において，損傷及び劣化しないように保護する． ・さらに，測定機器が要求事項に適合していないことが判明した場合には，組織は，その測定機器でそれまでに測定した結果の妥当性を評価し，記録しなければならない． ・組織は，その機器，及び影響を受けた製品すべてに対して，適切な処置をとらなければならない． ・校正及び検証の結果の記録を維持しなければならない（4.2.4参照）． ・規定要求事項にかかわる監視及び測定にコンピュータソフトウェアを使う場合には，そのコンピュータソフトウェアによって意図した監視及び測定ができることを確認しなければならない． ・この確認は，最初に使用するのに先立って実施しなければならない．また，必要に応じて再確認しなければならない． ・注記　意図した用途を満たすコンピュータソフトウェアの能力の確認には，通常，その使用の適切性を維持するための検証及び構成管理も含まれる．

7.1.6　組織の知識 ・組織は，プロセスの運用に必要な知識，並びに製品及びサービスの適合を達成するために必要な知識を明確にしなければならない． ・この知識を維持し，必要な範囲で利用できる状態にしなければならない． ・変化するニーズ及び傾向に取り組む場合，組織は，現在の知識を考慮し，必要な追加の知識及び要求される更新情報を得る方法又はそれらにアクセスする方法を決定しなければならない． ・注記1　組織の知識は，組織に固有な知識であり，それは経験によって得られる．それは，組織の目標を達成するために使用し，共有する情報である． ・注記2　組織の知識は，次の事項に基づいたものであり得る． 　a) 内部の資源（例えば，知的財産，経験から得た知識，成功プロジェクト及び失敗から学んだ教訓，文書化していない知識及び経験の取得及び共有，プロセス，製品及びサービスにおける改善の結果） 　b) 外部資源（例えば，標準，学界，会議，顧客又は外部の提供者からの知識収集）	＊新規の箇条（Knowledge managementの反映）

＊ここでいう知識はプロセスの運用，製品及びサービスの適合ために組織が必要とする「固有な知識（技術）」である．
＊それが特定の個人ではなく，組織の知識として管理することを要求している．
＊この要求事項を導入した目的は，知識の喪失から組織を保護するため，知識を獲得することを組織に推奨するためである．
＊二つの知識を要求している．
　・プロセスの運用に必要な知識
　　例：過去の失敗などから学ぶための是正処置記録，信頼性手法としての**FMEA**文書類，**HACCEP**手法におけるハザード分析表
　・製品及びサービスの適合を達成するために必要な知識
　　例：特許

《JIS Q 9001:2015》

附属書 A.7　組織の知識
・7.1.6では，プロセスの運用を確実にし，製品及びサービスの適合を達成することを確実にするために，組織が維持する知識を明確にし，マネジメントすることの必要性を規定している．
・組織の知識に関する要求事項は，次のような目的で導入された．
　a) 例えば，次のような理由による知識の喪失から組織を保護する．
　　－スタッフの離職
　　－情報の取得及び共有の失敗
　b) 例えば，次のような方法で知識を獲得することを組織に推奨する．
　　－経験から学ぶ．
　　－指導を受ける．
　　－ベンチマークする．

7.2 力量	6.2 人的資源
	6.2.1 一般
	・製品要求事項への適合に影響がある仕事に従事する要員は，適切な教育，訓練，技能及び経験を判断の根拠として力量がなければならない．
	・注記 製品要求事項への適合は，品質マネジメントシステム内の作業に従事する要員によって，直接的に又は間接的に影響を受ける可能性がある．
	6.2.2 力量，教育・訓練及び認識
・組織は，次の事項を行わなければならない．	・組織は，次の事項を実施しなければならない．
a）品質マネジメントシステムのパフォーマンス及び有効性に影響を与える業務をその管理下で行う人（又は人々）に必要な力量を明確にする．	a）製品要求事項への適合に影響がある仕事に従事する要員に必要な力量を明確にする．
b）適切な教育，訓練又は経験に基づいて，それらの人々が力量を備えていることを確実にする．	b）該当する場合には（必要な力量が不足している場合には），その必要な力量に到達することができるように教育・訓練を行うか，又は他の処置をとる．
c）該当する場合には，必ず，必要な力量を身に付けるための処置をとり，とった処置の有効性を評価する．	c）教育・訓練又は他の処置の有効性を評価する．
d）力量の証拠として，適切な文書化した情報を保持する．	e）教育，訓練，技能及び経験について該当する記録を維持する（4.2.4参照）．
・注記 適用される処置には，例えば，現在雇用している人々に対する，教育訓練の提供，指導の実施，配置転換の実施などがあり，また，力量を備えた人々の雇用，そうした人々との契約締結などもあり得る．	

* 2008年版規格の「製品要求事項」が「品質マネジメントシステムのパフォーマンス」に変更されている．

* 「品質マネジメントシステムのパフォーマンス」については箇条9.3.2（マネジメントレビューへのインプット）のc）を参照
　c）次に示す傾向を含めた，品質マネジメントシステムのパフォーマンス及び有効性に関する情報
　　1）顧客満足及び密接に関連する利害関係者からのフィードバック
　　2）品質目標が満たされている程度
　　3）プロセスパフォーマンス，並びに製品及びサービスの適合
　　4）不適合及び是正処置
　　5）監視及び測定の結果
　　6）監査結果
　　7）外部提供者のパフォーマンス

7.3　認識 ・組織は，組織の管理下で働く人々が，次の事項に関して認識をもつことを確実にしなければならない． 　a）品質方針 　b）関連する品質目標 　c）パフォーマンスの向上によって得られる便益を含む，品質マネジメントシステムの有効性に対する自らの貢献 　d）品質マネジメントシステム要求事項に適合しないことの意味	6.2.2　力量，教育・訓練及び認識 ＊対象を4つ挙げている． 　d）組織の要員が，自らの活動のもつ意味及び重要性を認識し，品質目標の達成に向けて自らがどのように貢献できるかを認識することを確実にする．
7.4　コミュニケーション ・組織は，次の事項を含む，品質マネジメントシステムに関連する内部及び外部のコミュニケーションを決定しなければならない． 　a）コミュニケーションの内容 　b）コミュニケーションの実施時期 　c）コミュニケーションの対象者 　d）コミュニケーションの方法 　e）コミュニケーションを行う人	5.5.3　内部コミュニケーション ・トップマネジメントは，組織内にコミュニケーションのための適切なプロセスが確立されることを確実にしなければならない． ＊2008年版に比べ，内容，実施時期など，より具体的に規定されている． ・また，品質マネジメントシステムの有効性に関しての情報交換が行われることを確実にしなければならない．

＊内部だけでなく，外部とのコミュニケーションも対象になった．
＊利害関係者とのコミュニケーションが対象となる．
＊顧客とのコミュニケーションは，箇条8.2.1 による．
＊コミュニケーションが要求されている箇条
　5.1.1　リーダーシップ及びコミットメントの一般
　5.2.2　品質方針の伝達
　5.3　組織の役割，責任及び権限
　6.2.1　品質目標
　8.2.1　顧客とのコミュニケーション
　8.4.3　外部提供者に対する情報

7.5　文書化した情報 **7.5.1　一般** ・組織の品質マネジメントシステムは，次の事項を含まなければならない． 　a）この規格が要求する文書化した情報 　b）品質マネジメントシステムの有効性のために必要であると組織が決定した，文書化した情報 ・注記　品質マネジメントシステムのための文書化した情報の程度は，次のような理由によって，それぞれの組織で異なる場合がある． 　－組織の規模，並びに活動，プロセス，製品及びサービスの種類 　－プロセス及びその相互作用の複雑さ 　－人々の力量	**4.2　文書化に関する要求事項** **4.2.1　一般** ・品質マネジメントシステムの文書には，次の事項を含めなければならない． 　a）文書化した，品質方針及び品質目標の表明 　b）品質マニュアル 　c）この規格が要求する"文書化された手順"及び記録 　d）組織内のプロセスの効果的な計画，運用及び管理を確実に実施するために，組織が必要と決定した記録を含む文書 ・注記1　この規格で"文書化された手順"という用語を使う場合には，その手順が確立され，文書化され，実施され，維持されていることを意味する． 　一つの文書で，一つ又はそれ以上の手順に対する要求事項を取り扱ってもよい． 　"文書化された手順"の要求事項は，複数の文書で対応してもよい． ・注記2　品質マネジメントシステムの文書化の程度は，次の理由から組織によって異なることがある． 　a）組織の規模及び活動の種類 　b）プロセス及びそれらの相互関係の複雑さ 　c）要員の力量 ・注記3　文書の様式及び媒体の種類は，どのようなものでもよい． **4.2.2　品質マニュアル** ・組織は，次の事項を含む品質マニュアルを作成し，維持しなければならない． 　a）品質マネジメントシステムの適用範囲．除外がある場合には，除外の詳細，及び除外を正当とする理由（1.2参照） 　b）品質マネジメントシステムについて確立された"文書化された手順"又はそれらを参照できる情報 　c）品質マネジメントシステムのプロセス間の相互関係に関する記述
7.5.2　作成及び更新 ・文書化した情報を作成及び更新する際，組織は，次の事項を確実にしなければならない． 　a）適切な識別及び記述（例えば，タイトル，日付，作成者，参照番号）	**4.2.3　文書管理** ・品質マネジメントシステムで必要とされる文書は，管理しなければならない． 　ただし，記録は文書の一種ではあるが，4.2.4に規定する要求事項に従って管理しなければならない． ・次の活動に必要な管理を規定するために，"文書化された手順"を確立しなければならない． 　e）文書は，読みやすくかつ容易に識別可能な状態であることを確実にする．

b) 適切な形式(例えば,言語,ソフトウェアの版,図表)及び媒体(例えば,紙,電子媒体) c) 適切性及び妥当性に関する,適切なレビュー及び承認	a) 発行前に,適切かどうかの観点から文書を承認する. b) 文書をレビューする.また,必要に応じて更新し,再承認する.
7.5.3　文書化した情報の管理 7.5.3.1　品質マネジメントシステム及びこの規格で要求されている文書化した情報は,次の事項を確実にするために,管理しなければならない. a) 文書化した情報が,必要なときに,必要なところで,入手可能かつ利用に適した状態である. b) 文書化した情報が十分に保護されている(例えば,機密性の喪失,不適切な使用及び完全性の喪失からの保護). 7.5.3.2　文書化した情報の管理に当たって,組織は,該当する場合には,必ず,次の行動に取り組まなければならない. a) 配付,アクセス,検索及び利用 b) 読みやすさが保たれることを含む,保管及び保存 c) 変更の管理(例えば,版の管理) d) 保持及び廃棄 ・品質マネジメントシステムの計画及び運用のために組織が必要と決定した外部からの文書化した情報は,必要に応じて識別し,管理しなければならない. ・適合の証拠として保持する文書化した情報は,意図しない改変から保護しなければならない. ・注記　アクセスとは,文書化した情報の閲覧だけの許可に関する決定,又は文書化した情報の閲覧及び変更の許可及び権限に関する決定を意味し得る.	4.2.3　文書管理 d) 該当する文書の適切な版が,必要なときに,必要なところで使用可能な状態にあることを確実にする. c) 文書の変更の識別及び現在有効な版の識別を確実にする. g) 廃止文書が誤って使用されないようにする.また,これらを何らかの目的で保持する場合には,適切な識別をする. f) 品質マネジメントシステムの計画及び運用のために組織が必要と決定した外部からの文書を明確にし,その配付が管理されていることを確実にする. ＊追加 4.2.4　記録の管理 ・要求事項への適合及び品質マネジメントシステムの効果的運用の証拠を示すために作成された記録を,管理しなければならない. ・組織は,記録の識別,保管,保護,検索,保管期間及び廃棄に関して必要な管理を規定するために,"文書化された手順"を確立しなければならない. ・記録は,読みやすく,容易に識別可能かつ検索可能でなければならない.

* 箇条 7.5 は，附属書 SL の内容とほぼ同じである．
* 2008 年版との大きな相違は次の 3 つである．
  ・品質マニュアルの文書化が求められなくなった（形式的な文書化がされることを避けた）．
  ・6 つの手順の文書化が求められなくなった．
  ・文書と記録が「文書化した情報」という表現に置き換わった．
* 文書化について，より柔軟に考えてもらうことが用語を変更した意図である．
* 文書化した情報を「維持（naintain）」は文書を，「保持（retain）」は記録を意味する．

《JIS Q 9001:2015》

附属書 A.1　構造及び用語
・この規格の箇条の構造（すなわち，箇条の順序）及び一部の用語は，他のマネジメントシステム規格との一致性を向上させるために，旧規格である JIS Q 9001:2008 から変更している．
・この規格では，組織の品質マネジメントシステムの文書化した情報にこの規格の構造及び用語を適用することは要求していない．
・箇条の構造は，組織の方針，目標及びプロセスを文書化するためのモデルを示すというよりも，要求事項を首尾一貫した形で示すことを意図している．
・品質マネジメントシステムに関係する，文書化した情報の構造及び内容は，その情報が組織によって運用されるプロセスと他の目的のために維持される情報との両方に関係する場合は，より密接に利用者に関連するものになることが多い．
・組織で用いる用語を，品質マネジメントシステム要求事項を規定するためにこの規格で用いている用語に置き換えることは要求していない．
・組織は，それぞれの運用に適した用語を用いることを選択できる（例えば，"文書化した情報"ではなく，"記録"，"文書類"又は"プロトコル"を用いる．
・"外部提供者"ではなく，"供給者"，"パートナ"又は"販売者"を用いる．）．
・表 A.1 に，この規格と旧規格と JIS Q 9001:2008 との間の用語における主な相違点を示す．

8. 運用

JIS Q 9001:2015	JIS Q 9001:2008
8　運用 8.1　運用の計画及び管理 ・組織は，次に示す事項の実施によって，製品及びサービスの提供に関する要求事項を満たすため，並びに箇条6で決定した取組みを実施するために必要なプロセスを，計画し，実施し，かつ，管理しなければならない（4.4参照）． a）製品及びサービスに関する要求事項の明確化 b）次の事項に関する基準の設定 　1）プロセス 　2）製品及びサービスの合否判定 c）製品及びサービスの要求事項への適合を達成するために必要な資源の明確化 d）b）の基準に従った，プロセスの管理の実施 e）次の目的のために必要とされる程度の，文書化した情報の明確化，維持及び保持 　1）プロセスが計画どおりに実施されたという確信をもつ． 　2）製品及びサービスの要求事項への適合を実証する． ・この計画のアウトプットは，組織の運用に適したものでなければならない． ・組織は，計画した変更を管理し，意図しない変更によって生じた結果をレビューし，必要に応じて，有害な影響を軽減する処置をとらなければならない． ・組織は，外部委託したプロセスが管理されていることを確実にしなければならない（8.4参照）．	7　製品実現 7.1　製品実現の計画 ・組織は，製品実現のために必要なプロセスを計画し，構築しなければならない． ・製品実現の計画は，品質マネジメントシステムのその他のプロセスの要求事項と整合がとれていなければならない（4.1参照）． ・組織は，製品実現の計画に当たって，次の各事項について適切に．明確化しなければならない． a）製品に対する品質目標及び要求事項 **＊品質目標が削除された．（要求事項が決まっていれば，すべて決まっているはず．）** b）製品に特有な，プロセス及び文書の確立の必要性，並びに資源の提供の必要性 c）その製品のための検証，妥当性確認，監視，測定，検査及び試験活動，並びに製品合否判定基準 d）製品実現のプロセス及びその結果としての製品が，要求事項を満たしていることを実証するために必要な記録（4.2.4参照） ・この計画のアウトプットは，組織の運営方法に適した形式でなければならない． **＊変更管理が追加 変更によるリスクの軽減が目的** ・注記1　特定の製品，プロジェクト又は契約に適用される品質マネジメントシステムのプロセス（製品実現のプロセスを含む．）及び資源を規定する文書を，品質計画書と呼ぶことがある． ・注記2　組織は，製品実現のプロセスの構築に当たって，7.3に規定する要求事項を適用してもよい．

＊仕事の流れに沿って規格を書くことが意識され，箇条の構成が見直されている．
＊箇条6及び4.4がこの箇条8で最も展開されることが要求されている．
　改訂の1つの狙いである，プロセスアプローチの促進を図るものである．

8.2 製品及びサービスに関する要求事項 8.2.1 顧客とのコミュニケーション ・顧客とのコミュニケーションには，次の事項を含めなければならない． 　a) 製品及びサービスに関する情報の提供 　b) 引合い，契約又は注文の処理．これらの変更を含む． 　c) 苦情を含む，製品及びサービスに関する顧客からのフィードバックの取得 　d) 顧客の所有物の取扱い又は管理 　e) 関連する場合には，不測の事態への対応に関する特定の要求事項の確立	7.2 顧客関連のプロセス 7.2.3 顧客とのコミュニケーション ・組織は，次の事項に関して顧客とのコミュニケーションを図るための効果的な方法を明確にし，実施しなければならない． 　a) 製品情報 　b) 引合い，契約若しくは注文，又はそれらの変更 　c) 苦情を含む顧客からのフィードバック ＊追加 ＊追加（緊急事態など顧客の要求を満たせない問題）

＊顧客要求事項が必ずしも明確でない，一般消費者向け製品及びサービスを提供している業態における，顧客要求事項を明確にするプロセスを考慮して，コミュニケーションの細分箇条を最初にもってきた．

------《JIS Q 9001:2015》------

附属書 A.2　製品及びサービス
・JIS Q 9001:2008 では，アウトプットの全ての分類を含めるために，"製品"という用語を用いたが，この規格では，"製品及びサービス"を用いている．"製品及びサービス"は，アウトプットの全ての分類（ハードウェア，サービス，ソフトウェア及び素材製品）を含んでいる．
・特に"サービス"を含めたのは，幾つかの要求事項の適用において，製品とサービスとの間の違いを強調するためである．
・サービスの特性とは，少なくともアウトプットの一部が，顧客とのインタフェースで実現されることである．
・これは，例えば，要求事項への適合がサービスの提供前に確認できるとは限らないことを意味している．
・多くの場合，"製品"及び"サービス"は，一緒に用いられている．
・組織が顧客に提供する，又は外部提供者から組織に供給される多くのアウトプットは，製品とサービスの両方を含んでいる．
・例えば，有形若しくは無形の製品が関連するサービスを伴っている場合，又はサービスが関連する有形若しくは無形の製品を伴っている場合がある．

8.2.2 製品及びサービスに関連する要求事項の明確化 ・顧客に提供する製品及びサービスに関する要求事項を明確にするとき，組織は，次の事項を確実にしなければならない． 　a) 次の事項を含む，製品及びサービスの要求事項が定められている． 　　1) 適用される法令・規制要求事項 　　2) 組織が必要とみなすもの 　b) 組織は，提供する製品及びサービスに関して主張していることを満たすことができる．	7.2.1 製品に関連する要求事項の明確化 ・組織は，次の事項を明確にしなければならない． 　a) 顧客が規定した要求事項． 　　これには引渡し及び引渡し後の活動に関する要求事項を含む． 　c) 製品に適用される法令・規制要求事項 ＊組織が必要 (necessary by organization) ＊主張 (claims) 7.2.2c) 組織が，定められた要求事項を満たす能力をもっている．

＊8.2.2 は，顧客からの引合いが入る前段階における確実にしておくべきことの要求事項．

8.2.3　製品及びサービスに関連する要求事項のレビュー 8.2.3.1　組織は，顧客に提供する製品及びサービスに関する要求事項を満たす能力をもつことを確実にしなければならない．	7.2.2　製品に関連する要求事項のレビュー ・組織は，製品に関連する要求事項をレビューしなければならない． ・レビューでは，次の事項を確実にしなければならない．
・組織は，製品及びサービスを顧客に提供することをコミットメントする前に，次の事項を含め，レビューを行わなければならない．	・このレビューは，組織が顧客に製品を提供することに対するコミットメント（例　提案書の提出，契約又は注文の受諾，契約又は注文への変更の受諾）をする前に実施しなければならない．
a）顧客が規定した要求事項．これには引渡し及び引渡し後の活動に関する要求事項を含む．	a）製品要求事項が定められている． 7.2.1 注記　引渡し後の活動には，例えば，保証に関する取決め，メンテナンスサービスのような契約義務，及びリサイクル又は最終廃棄のような補助的サービスのもとでの活動を含む．
b）顧客が明示してはいないが，指定された用途又は意図された用途が既知である場合，それらの用途に応じた要求事項 c）組織が規定した要求事項	7.2.1b）顧客が明示してはいないが，指定された用途又は意図された用途が既知である場合，それらの用途に応じた要求事項 ＊組織が規定した（specified by organization）
	7.2.1d）組織が必要と判断する追加要求事項すべて
d）製品及びサービスに適用される法令・規制要求事項 e）以前に提示されたものと異なる，契約又は注文の要求事項	7.2.1c）製品に適用される法令・規制要求事項
・組織は，契約又は注文の要求事項が以前に定めたものと異なる場合には，それが解決されていることを確実にしなければならない． ・顧客がその要求事項を書面で示さない場合には，組織は，顧客要求事項を受諾する前に確認しなければならない． ・注記　インターネット販売などの幾つかの状況では，注文ごとの正式なレビューは実用的ではない． その代わりとして，レビューには，カタログなどの，関連する製品商品情報が含まれる．	b）契約又は注文の要求事項が以前に提示されたものと異なる場合には，それについて解決されている． ・顧客がその要求事項を書面で示さない場合には，組織は顧客要求事項を受諾する前に確認しなければならない．
8.2.3.2　組織は，該当する場合には，必ず，次の事項に関する文書化した情報を保持しなければならない． 　a）レビューの結果	・このレビューの結果の記録，及びそのレビューを受けてとられた処置の記録を維持しなければならない（4.2.4 参照）．

b）製品及びサービスに関する新たな要求事項 8.2.4　製品及びサービスに関する要求事項の変更 ・製品及びサービスに関する要求事項が変更されたときには，組織は，関連する文書化した情報を変更することを確実にしなければならない． ・また，変更後の要求事項が，関連する人々に理解されていることを確実にしなければならない．	・製品要求事項が変更された場合には，組織は，関連する文書を修正しなければならない． ・また，変更後の要求事項が，関連する要員に理解されていることを確実にしなければならない． ・注記　インターネット販売などでは，個別の注文に対する正式なレビューの実施は非現実的である． このような場合のレビューでは，カタログ又は宣伝広告資料のような関連する製品情報をその対象とすることもできる．

＊8.2.3 は，顧客からの引合いが入り，製品及びサービスを提供することを受諾する前に行うレビューに関する要求事項．

8.3　製品及びサービスの設計・開発 8.3.1　一般 ・組織は，以降の製品及びサービスの提供を確実にするために適切な設計・開発プロセスを確立し，実施し，維持しなければならない．	7.3　設計・開発 ＊要求事項を実現するための達成手段を決めることが設計・開発の活動である．

＊多くの組織において，製品及びサービスの設計・開発は存在する．
　設計・開発の活動が必要となる状況について述べ，設計・開発とは何を指すのかを理解するのに，DIS 9001：2014 における 8.3 のドラフトが参考になるので，下記に示す．
　組織の製品及びサービスの詳細の要求事項がまだ確立されてない場合，又は以後の製造若しくはサービス提供に十分であることが顧客若しくはその他の利害関係者によって明確にされていない場合には，組織は，設計・開発プロセスを確立し，実施し，維持しなければならない．

定義（JIS Q 9000：2015）
　設計・開発（3.4.8）
　　・対象（3.6.1）に対する要求事項（3.6.4）を，その対象に対するより詳細な要求事項に変換する一連のプロセス（3.4.1）．
　　・注記 1　設計・開発へのインプットとなる要求事項は，調査・研究の結果であることが多く，また，設計・開発からのアウトプット（3.7.5）となる要求事項よりも広範で，一般的な意味で表現されることがある．要求事項は，通常，特性（3.10.1）を用いて定義される．プロジェクト（3.4.2）には，複数の設計・開発段階が存在することがある．
　　・注記 2　"設計"，"開発"及び"設計・開発"という言葉は，あるときは同じ意味で

使われ，あるときには設計・開発全体の異なる段階を定義するために使われる．
・注記3　設計・開発されるものの性格を示すために，修飾語が用いられることがある．
　　［例　製品（3.7.6）の設計・開発，サービス（3.7.7）の設計・開発又はプロセス（3.4.1）の設計・開発］．

8.3.2　設計・開発の計画 ・設計・開発の段階及び管理を決定するに当たって，組織は，次の事項を考慮しなければならない． 　a）設計・開発活動の性質，期間及び複雑さ 　b）要求されるプロセス段階．これには適用される設計・開発のレビューを含む． 　c）要求される，設計・開発の検証及び妥当性確認活動 　d）設計・開発プロセスに関する責任及び権限 　e）製品及びサービスの設計・開発のための内部資源及び外部資源の必要性 　f）設計・開発プロセスに関与する人々の間のインタフェースの管理の必要性 　g）設計・開発プロセスへの顧客及びユーザの参画の必要性 　h）以降の製品及びサービスの提供に関する要求事項 　i）顧客及びその他の密接に関連する利害関係者によって期待される，設計・開発プロセスの管理レベル 　j）設計・開発の要求事項を満たしていることを実証するために必要な文書化した情報	7.3.1　設計・開発の計画 ・組織は，製品の設計・開発の計画を策定し，管理しなければならない． ・設計・開発の計画において，組織は，次の事項を明確にしなければならない． 　a）設計・開発の段階 　b）設計・開発の各段階に適したレビュー，検証及び妥当性確認 　c）設計・開発に関する責任及び権限 ・組織は，効果的なコミュニケーション及び責任の明確な割当てを確実にするために，設計・開発に関与するグループ間のインタフェースを運営管理しなければならない． ・設計・開発の進行に応じて，策定した計画を適切に更新しなければならない． ・注記　設計・開発のレビュー，検証及び妥当性確認は異なった目的をもっている．それらは，製品及び組織に適するように，個々に又はどのような組合せでも，実施し，記録をすることができる．

＊設計・開発の段階及び管理を決めるにあたり，10個（a～j）の考慮すべき事項が示されている．

8.3.3　設計・開発へのインプット ・組織は，設計・開発する特定の種類の製品及びサービスに不可欠な要求事項を明確にしなければならない． ・組織は，次の事項を考慮しなければならない． 　a）機能及びパフォーマンスに関する要求事項 　b）以前の類似の設計・開発活動から得られた情報 　c）法令・規制要求事項 　d）組織が実施することをコミットメントしている，標準又は規範 　e）製品及びサービスの性質に起因する失敗の起こり得る結果 ・インプットは，設計・開発の目的に対して適切で，漏れがなく，曖昧でないものでなければならない． ・設計・開発へのインプット間の相反は，解決しなければならない． ・組織は，設計・開発へのインプットに関する文書化した情報を保持しなければならない．	7.3.2　設計・開発へのインプット ・製品要求事項に関連するインプットを明確にし，記録を維持しなければならない（4.2.4参照）． ・インプットには，次の事項を含めなければならない． 　a）機能及び性能に関する要求事項 　c）適用可能な場合には，以前の類似した設計から・得られた情報 　b）適用される法令・規制要求事項 ＊追加された． ＊追加された． 　d）設計・開発に不可欠なその他の要求事項 ・製品要求事項に関連するインプットについては，その適切性をレビューしなければならない． ・要求事項は，漏れがなく，あいまい（曖昧）でなく，相反することがあってはならない．
8.3.4　設計・開発の管理 ・組織は，次の事項を確実にするために，設計・開発プロセスの管理しなければならない． 　a）達成すべき結果を定める． 　b）設計・開発の結果の，要求事項を満たす能力を評価するために，レビューを行う．	7.3.4　設計・開発のレビュー ・設計・開発の適切な段階において，次の事項を目的として，計画されたとおりに（7.3.1参照）体系的なレビューを行わなければならない． 　a）設計・開発の結果が，要求事項を満たせるかどうかを評価する． 　b）問題を明確にし，必要な処置を提案する． ・レビューへの参加者には，レビューの対象となっている設計・開発段階に関連する部門を代表する者が含まれていなければならない． ・このレビューの結果の記録，及び必要な処置があればその記録を維持しなければならない（4.2.4参照）．

c）設計・開発からのアウトプットが，インプットの要求事項を満たすことを確実にするために，検証活動を行う．	**7.3.5　設計・開発の検証** ・設計・開発からのアウトプットが，設計・開発へのインプットで与えられている要求事項を満たしていることを確実にするために，計画されたとおりに（7.3.1参照）検証を実施しなければならない． ・この検証の結果の記録，及び必要な処置があればその記録を維持しなければならない（4.2.4参照）．
d）結果として得られる製品及びサービスが，指定された用途又は意図された用途に応じた要求事項を満たすことを確実にするために，妥当性確認活動を行う．	**7.3.6　設計・開発の妥当性確認** ・結果として得られる製品が，指定された用途又は意図された用途に応じた要求事項を満たし得ることを確実にするために，計画した方法（7.3.1参照）に従って，設計・開発の妥当性確認を実施しなければならない． ・実行可能な場合にはいつでも，製品の引渡し又は提供の前に，妥当性確認を完了しなければならない． ・妥当性確認の結果の記録，及び必要な処置があればその記録を維持しなければならない（4.2.4参照）．
e）レビュー，又は検証及び妥当性確認の活動中に明確になった問題に対して必要な処置をとる． f）これらの活動についての文書化した情報を保持する． ・注記　設計・開発のレビュー，検証及び妥当性確認は，異なる目的をもつ．これらは，組織の製品及びサービスに応じた適切な形で，個別に又は組み合わせて行うことができる．	

＊レビュー，検証，妥当性に関わる要求事項は，**8.3.4**にまとめられた．
＊サービス業への配慮から，レビュー，検証，妥当性確認の簡素化を行った．
　（当初はその用語すら使用しない方向で改正が進んでいた．）
＊レビュー，検証，妥当性確認の記録を維持することは直接的には要求されていない．
　8.3.2で計画時に，必要な文書化した情報（記録）を決めることが求められている．
　検証及び妥当性確認の用語の定義では，「客観的証拠を提示することによって，……」とあるので，直接的には要求していなくても，必要な記録は維持されることになるだろう．

定義（JIS Q 9000：2015）
レビュー（3.11.2）
- 設定された目標（3.7.1）を達成するための対象（3.6.1）の適切性，妥当性又は有効性（3.7.11）の確定（3.11.1）．
- 例　マネジメントレビュー，設計・開発（3.4.8）のレビュー，顧客（3.2.4）要求事項（3.6.4）のレビュー，是正処置（3.12.2）のレビュー，同等性レビュー
- 注記　レビューには，効率（3.7.10）の確定を含むこともある．

検証（3.8.12）
- 客観的証拠（3.8.3）を提示することによって，規定要求事項（3.6.4）が満たされていることを確認すること．
- 注記 1　検証のために必要な客観的証拠は，検査（3.11.7）の結果，又は別法による計算の実施若しくは文書（3.8.5）のレビューのような他の確定（3.11.1）の結果であることがある．
- 注記 2　検証のために行われる活動は，適格性プロセス（3.4.1）と呼ばれることがある．
- 注記 3　"検証済み"という言葉は，検証が済んでいる状態を示すために用いられる．

妥当性確認（3.8.13）
- 客観的証拠（3.8.3）を提示することによって，特定の意図された用途又は適用に関する要求事項（3.6.4）が満たされていることを確認すること．
- 注記 1　妥当性確認のために必要な客観的証拠は，試験（3.11.8）の結果，又は別法による計算の実施若しくは文書（3.8.5）のレビューのような他の確定（3.11.1）の形の結果であることがある．
- 注記 2　"妥当性確認済み"という言葉は，妥当性確認が済んでいる状態を示すために用いられる．
- 注記 3　妥当性確認のための使用条件は，実環境の場合も，模擬の場合もある．

8.3.5　設計・開発からのアウトプット	7.3.3　設計・開発からのアウトプット
・組織は，設計・開発からのアウトプットが，次のとおりであることを確実にしなければならない． a）インプットで与えられた要求事項を満たす． b）製品及びサービスの提供に関する以降のプロセスに対して適切である． c）必要に応じて，監視及び測定の要求事項，並びに合否判定基準を含むか，又はそれらを参照している． d）意図した目的並びに安全で適切な使用及び提供に不可欠な，製品及びサービスの特性を規定している．	・設計・開発からのアウトプットは，設計・開発へのインプットと対比した検証を行うのに適した形式でなければならない． ・また，リリースの前に，承認を受けなければならない． ・設計・開発からのアウトプットは，次の状態でなければならない． a）設計・開発へのインプットで与えられた要求事項を満たす． b）購買，製造及びサービス提供に対して適切な情報を提供する． c）製品の合否判定基準を含むか，又はそれを参照している． d）安全な使用及び適正な使用に不可欠な製品の特性を明確にする． ＊製品の場合は提供ではなく使用の際の特性であることを補足するため「使用及び」を追記した．

・組織は，設計・開発からのアウトプットに関する文書化した情報を保持しなければならない．	＊追加された．
	・注記　製造及びサービス提供に対する情報には，製品の保存に関する詳細を含めることができる．
8.3.6　設計・開発の変更 ・組織は，要求事項への適合に悪影響を及ぼさないことを確実にするために必要な程度まで，製品及びサービスの設計・開発の間又はそれ以降に行われた変更を識別し，レビューし，管理しなければならない． ・組織は，次の事項に関する文書化した情報を保持しなければならない． 　a）設計・開発の変更 　b）レビューの結果 　c）変更の許可 　d）悪影響を防止するための処置	7.3.7　設計・開発の変更管理 ・設計・開発の変更を明確にし，記録を維持しなければならない． ・変更に対して，レビュー，検証及び妥当性確認を適切に行い，その変更を実施する前に承認しなければならない． ＊検証及び妥当性確認については，明示的に要求されていない． ただし，管理に含まれていると考え，必要な場合，検証及び妥当性確認を行う必要がある． ・設計・開発の変更のレビューには，その変更が，製品を構成する要素及び既に引き渡されている製品に及ぼす影響の評価を含めなければならない． ・変更のレビューの結果の記録，及び必要な処置があればその記録を維持しなければならない．（4.2.4参照）． ・注記　"変更のレビュー"とは，変更に対して適切に行われたレビュー，検証及び妥当性確認のことである．
8.4　外部から提供されるプロセス，製品及びサービスの管理 8.4.1　一般 ・組織は，外部から提供されるプロセス，製品及びサービスが，要求事項に適合していることを確実にしなければならない． ・組織は，次の事項に該当する場合には，外部から提供されるプロセス，製品及びサービスに適用する管理を決定しなければならない． 　a）外部提供者からの製品及びサービスが，組織自身の製品及びサービスに組み込むことを意図したものである場合 　b）製品及びサービスが，組織に代わって，外部提供者から直接顧客に提供される場合 　c）プロセス又はプロセスの一部が，組織の決定の結果として，外部提供者から提供される場合	7.4　購買 7.4.1　購買プロセス ・組織は，規定された購買要求事項に，購買製品が適合することを確実にしなければならない． ＊外部から提供されるあらゆる形態が8.4の対象となる． ＊3つの形態に分類 ＊b）との相違は最終オペレーションでないこと．

・組織は，要求事項に従ってプロセス又は製品・サービスを提供する外部提供者の能力に基づいて，外部提供者の評価，選択，パフォーマンスの監視，及び再評価を行うための基準を決定し，適用しなければならない． ・組織は，これらの活動及びその評価によって生じる必要な処置について，文書化した情報を保持しなければならない．	・組織は，供給者が組織の要求事項に従って製品を供給する能力を判断の根拠として，供給者を評価し，選定しなければならない． ・選定，評価及び再評価の基準を定めなければならない． ・評価の結果の記録，及び評価によって必要とされた処置があればその記録を維持しなければならない（4.2.4 参照）．
8.4.2 管理の方式及び程度 ・組織は，外部から提供されるプロセス，製品及びサービスが，顧客に一貫して適合した製品及びサービスを引き渡す組織の能力に悪影響を及ぼさないことを確実にしなければならない． ・組織は，次の事項を行わなければならない． 　a）外部から提供されるプロセスを組織の品質マネジメントシステムの管理下にとどめることを，確実にする． 　b）外部提供者に適用するための管理，及びそのアウトプットに適用するための管理の両方を定める． 　c）次の事項を考慮に入れる． 　　1）外部から提供されるプロセス，製品及びサービスが，顧客要求事項及び適用される法令・規制要求事項を一貫して満たす組織の能力に与える潜在的な影響 　　2）外部提供者によって適用される管理の有効性 　d）外部から提供されるプロセス，製品及びサービスが要求事項を満たすことを確実にするために必要な検証又はその他の活動を明確にする．	7.4.1 購買プロセス ・供給者及び購買した製品に対する管理の方式及び程度は，購買製品が，その後の製品実現のプロセス又は最終製品に及ぼす影響に応じて定めなければならない． ＊リスクベースの思考を意識している． 7.4.3 購買製品の検証 ・組織は，購買製品が，規定した購買要求事項を満たしていることを確実にするために，必要な検査又はその他の活動を定めて，実施しなければならない．

------《JIS Q 9001:2015》------

附属書 A.8　外部から提供されるプロセス，製品及びサービスの管理
・8.4 では，例えば，次のような形態のいずれによるかを問わず，外部から提供されるプロセス，製品及びサービスのあらゆる形態について規定している．
　a）供給者からの購買
　b）関連会社との取決め
　c）外部提供者への，プロセスの外部委託
・外部委託は，提供者と組織との間のインタフェースで必ず実行される，少なくとも一つの活動を伴うため，サービスに不可欠な特性を常にもつ．
・外部からの提供に対して必要となる管理は，プロセス，製品及びサービスの性質によって大きく異なり得る．
・組織は，特定の外部提供者並びに外部から提供されるプロセス，製品及びサービスに対して行う，適切な管理の方式及び程度を決定するために，リスクに基づく考え方を適用することができる．

8.4.3　外部提供者に対する情報 ・組織は，外部提供者に伝達する前に，要求事項が妥当であることを確実にしなければならない． ・組織は，次の事項に関する要求事項を，外部提供者に伝達しなければならない． 　a）提供されるプロセス，製品及びサービス 　b）次の事項についての承認 　　1）製品及びサービス 　　2）方法，プロセス及び設備 　　3）製品及びサービスのリリース 　c）人々の力量．これには必要な適格性を含む． 　d）組織と外部提供者との相互作用	7.4.2　購買情報 ・購買情報では購買製品に関する情報を明確にし，次の事項のうち該当するものを含めなければならない． 　a）製品，手順，プロセス及び設備の承認に関する要求事項 　b）要員の適格性確認に関する要求事項 ＊追加された．（下記の欄外参照）
	c）品質マネジメントシステムに関する要求事項 ＊**QMS**に関する要求：削除
	7.4.3　購買製品の検証 ・組織は，購買製品が，規定した購買要求事項を満たしていることを確実にするために，必要な検査又はその他の活動を定めて，実施しなければならない．
e）組織が適用する，外部提供者のパフォーマンスの管理及び監視 　f）組織又はその顧客が外部提供者先での実施を意図している検証又は妥当性確認活動	・組織又はその顧客が，供給者先で検証を実施することにした場合には，組織は，その検証の要領及び購買製品のリリースの方法を購買情報の中で明確にしなければならない． ・組織は，供給者に伝達する前に，規定した購買要求事項が妥当であることを確実にしなければならない．

＊「外部提供者との相互作用」は，外部提供者にプロセスを外部委託した場合などにおいて，そのプロセスは組織の**QMS**に必要なプロセスであり，組織内のプロセスとの相互関係を明確にする必要があり（**4.4.1b**：これらのプロセスの順序及び相互関係を明確にする．），その情報伝達を求める要求である．

8.5　製造及びサービス提供 8.5.1　製造及びサービス提供の管理 ・組織は，製造及びサービス提供を，管理された状態で実行しなければならない． ・管理された状態には，次の事項のうち，該当するものについては，必ず，含めなければならない． 　a）次の事項を定めた文書化した情報を利用できるようにする． 　　1）製造する製品，提供するサービス，又は実施する活動の特性．	7.5　製造及びサービス提供 7.5.1　製造及びサービス提供の管理 ・組織は，製造及びサービス提供を計画し，管理された状態で実行しなければならない． ・管理された状態には，次の事項のうち該当するものを含めなければならない． 　a）製品の特性を述べた情報が利用できる． 　b）必要に応じて，作業手順が利用できる．

2）達成すべき結果 b）監視及び測定のための適切な資源を利用できるようにし，かつ，使用する． c）プロセス又はアウトプットの管理基準，並びに製品及びサービスの合否判定基準を満たしていることを検証するために，適切な段階で監視及び測定活動を実施する． d）プロセスの運用のための適切なインフラストラクチャ及び環境を使用する． e）必要な適格性を含め，力量を備えた人々を任命する．	e）監視及び測定が実施されている． c）適切な設備を使用している． d）監視機器及び測定機器が利用でき，使用している． ＊追加 7.5.2　製造及びサービス提供に関するプロセスの妥当性確認 ＊項目が削除され，8.5.1に組み入れられた．
f）製造及びサービス提供のプロセスで結果として生じるアウトプットを，それ以降の監視又は測定で検証することが不可能な場合には，製造及びサービス提供に関するプロセスの，計画した結果を達成する能力について，妥当性を確認を行い，定期的に妥当性を再確認する．	・製造及びサービス提供の過程で結果として生じるアウトプットが，それ以降の監視又は測定で検証することが不可能で，その結果，製品が使用され，又はサービスが提供された後でしか不具合が顕在化しない場合には，組織は，その製造及びサービス提供の該当するプロセスの妥当性確認を行わなければならない． ・妥当性確認によって，これらのプロセスが計画どおりの結果を出せることを実証しなければならない． ・組織は，これらのプロセスについて，次の事項のうち該当するものを含んだ手続きを確立しなければならない． 　a）プロセスのレビュー及び承認のための明確な基準 　b）設備の承認及び要員の適格性確認 　c）所定の方法及び手順の適用 　d）記録に関する要求事項（4.2.4参照） 　e）妥当性の再確認 ＊a）～e）が削除された．
g）ヒューマンエラーを防止するための処置を実施する．	＊追加された． サービス業では特に重要である． 意図しない標準からの逸脱を防ぐ処置を要求している．
h）リリース，顧客への引渡し及び引渡し後の活動を実施する．	7.5.1f) 製品のリリース，顧客への引渡し及び引渡し後の活動が実施されている．

8.5.2 識別及びトレーサビリティ	7.5.3 識別及びトレーサビリティ
・製品及びサービスの適合を確実にするために必要な場合，組織は，アウトプットを識別するために，適切な手段を用いなければならない． ・組織は，製造及びサービス提供の全過程において，監視及び測定の要求事項に関連して，アウトプットの状態を識別しなければならない． ・トレーサビリティが要求事項となっている場合には，組織は，アウトプットについて一意の識別を管理し，トレーサビリティを可能とするために必要な文書化した情報を保持しなければならない．	・必要な場合には，組織は，製品実現の全過程において適切な手段で製品を識別しなければならない． ・組織は，製品実現の全過程において，監視及び測定の要求事項に関連して，製品の状態を識別しなければならない． ・トレーサビリティが要求事項となっている場合には，組織は，製品について一意の識別を管理し，記録を維持しなければならない（4.2.4 参照）． ・注記　ある産業分野では，構成管理（configuration management）が識別及びトレーサビリティを維持する手段である．

＊ 2008 年版の製品に変わって「アウトプット」という用語が用いられている．
「製品及びサービス」は，顧客に引き渡す最終製品として捉えられている場合が多いので，この箇条の対象は，原材料や中間製品など製品及びサービス実現プロセスの過程で生まれるものも含まれるため，「アウトプット」という用語を使用した．

8.5.3 顧客又は外部提供者の所有物	7.5.4 顧客の所有物
	＊外部提供者の所有物も対象であることが追加された．
・組織は，顧客又は外部提供者の所有物について，それが組織の管理下にある間，又は組織がそれを使用している間は，注意を払わなければならない． ・組織は，使用するため又は製品及びサービスに組み込むために提供された顧客又は外部提供者の所有物の識別，検証及び保護・防護を実施しなければならない． ・顧客若しくは外部提供者の所有物を紛失若しくは損傷した場合，又はその他これらが使用に適さないと判明した場合には，組織は，その旨を顧客又は外部提供者に報告し，発生した事柄について文書化した情報を保持しなければならない． ・注記　顧客又は外部提供者の所有物には，材料，部品，道具，設備，施設，知的財産，個人情報などが含まれ得る．	・組織は，顧客の所有物について，それが組織の管理下にある間，又は組織がそれを使用している間は，注意を払わなければならない． ・組織は，使用するため又は製品に組み込むために提供された顧客の所有物の識別，検証及び保護・防護を実施しなければならない． ・顧客の所有物を紛失若しくは損傷した場合又は使用には適さないとわかった場合には，組織は，顧客に報告し，記録を維持しなければならない（4.2.4 参照）． ・注記　顧客の所有物には，知的財産及び個人情報を含めることができる． ＊注記に所有物の例が追記された．

8.5.4 保存	7.5.5 製品の保存
	＊サービスは保存できないので，表題は「保存」だけとなった．
・組織は，製造及びサービス提供を行う間，要求事項への適合を確実にするために必要な程度に，アウトプットを保存しなければならない．	・組織は，内部処理から指定納入先への引渡しまでの間，要求事項への適合を維持するように製品を保存しなければならない． ・保存は，製品を構成する要素にも適用しなければならない． ・この保存には，該当する場合，識別，取扱い，包装，保管及び保護を含めなければならない．
・注記　保存に関わる考慮事項には，識別，取扱い，汚染防止，包装，保管，伝送又は輸送，及び保護を含まれ得る．	＊例示のような記述は，規範的要求事項であるとして注記に移された． ＊この注記は，保存という行為の例ではなく，保存という概念に関係のあるものを例示しているため「保存に関わる考慮事項には」とした． ・注記　内部処理とは，組織が運営管理している製品実現のプロセスにおける活動をいう．

8.5.5 引渡し後の活動 ・組織は，製品及びサービスに関連する引渡し後の活動に関する要求事項を満たさなければならない． ・要求される引渡し後の活動の程度を決定するに当たって，組織は，次の事項を考慮しなければならない． 　a）法令・規制要求事項 　b）製品及びサービスに関連して起こり得る望ましくない結果 　c）製品及びサービスの性質，用途及び意図した耐用期間 　d）顧客要求事項 　e）顧客からのフィードバック	＊新規の箇条
	＊リスクを考慮
・注記　引渡し後の活動には，補償条項（warranty provisions），メンテナンスサービスのような契約義務，及びリサイクル又は最終廃棄のような付帯サービスの下での活動が含まれ得る．	7.2.1a）　これには引渡し及び引渡し後の活動に関する要求事項を含む． 7.2.1 注記　引渡し後の活動には，例えば，保証に関する取決め，メンテナンスサービスのような契約義務，及びリサイクル又は最終廃棄のような補助的サービスのもとでの活動を含む． 7.5.1f）　製品のリリース，顧客への引渡し及び引渡し後の活動が実施されている．

＊多くの組織において，アフターサービス，製品及びサービスの保証に関する活動が行われており，製品及びサービス実現において重要なプロセスであるとの認識で，独立した箇条となった．
＊リスク及び耐用期間（ライフタイム）などを考慮することが追加されている．

8.5.6 変更の管理 ・組織は，製造又はサービス提供に関する変更を，要求事項への継続的な適合を確実にするために必要な程度まで，レビューし，管理しなければならない． ・組織は，変更のレビューの結果，変更を正式に許可した人（又は人々）及びレビューから生じた必要な処置を記載した，文書化した情報を保持しなければならない．	＊新規の箇条

＊2008年版では，変更管理に関する要求が強化されており，この箇条もその1つである．
＊計画していない変更も考慮する必要がある．
　例：設備の故障，インフルエンザの集団感染による大量の欠員

8.6 製品及びサービスのリリース ・組織は，製品及びサービスの要求事項を満たしていることを検証するために，適切な段階において，計画した取決めを実施しなければならない． ・計画した取決めが問題なく完了するまでは，顧客への製品及びサービスのリリースを行ってはならない． ・ただし，当該の権限をもつ者が承認し，かつ，顧客が承認したとき（該当する場合には，必ず）は，この限りではない． ・組織は，製品及びサービスのリリースについて文書化した情報を保持しなければならない．これには，次の事項を含まなければならない． 　a）合否判定基準への適合の証拠 　b）リリースを正式に許可した人（又は人々）に対するトレーサビリティ	8.2.4 製品の監視及び測定 ・個別製品の実現の計画（7.1参照）で決めたことが問題なく完了するまでは，顧客への製品のリリース及びサービスの提供は行ってはならない． ・ただし，当該の権限をもつ者が承認したとき，及び該当する場合に顧客が承認したときは，この限りではない． ＊追加 ・合否判定基準への適合の証拠を維持しなければならない． ・顧客への引渡しのための製品のリリースを正式に許可した人を，記録しておかなければならない（4.2.4参照）．

＊2008年版の評価の位置から製品及びサービスの実現の位置に移された（2008年版の8.3も同様である）．
＊リリースを正式に許可した人その者の記録までは要求していない（トレース可能であれば）．

8.7 不適合なアウトプットの管理	8.3 不適合製品の管理
8.7.1 組織は，要求事項に適合しないアウトプットが誤って使用されること又は引き渡されることを防ぐために，それらを識別し，管理することを確実にしなければならない．	・組織は，製品要求事項に適合しない製品が誤って使用されたり，又は引き渡されることを防ぐために，それらを識別し，管理することを確実にしなければならない．
・組織は，不適合の性質，並びにそれが製品及びサービスの適合に与える影響に基づいて，適切な処置をとらなければならない．	・不適合製品の処理に関する管理及びそれに関連する責任及び権限を規定するために，"文書化された手順"を確立しなければならない．
・これは，製品の引渡し後，サービスの提供中又は提供後に検出された，不適合な製品及びサービスにも適用されなければならない．	d) 引渡し後又は使用開始後に不適合製品が検出された場合には，その不適合による影響又は起こり得る影響に対して適切な処置をとる．
・組織は，次の一つ以上の方法で，不適合なアウトプットを処理しなければならない．	・該当する場合には，組織は，次の一つ又はそれ以上の方法で，不適合製品を処理しなければならない．
a) 修正	a) 検出された不適合を除去するための処置をとる．
b) 製品及びサービスの分離，散逸防止，返却又は提供停止	c) 本来の意図された使用又は適用ができないような処置をとる．
	・注記 "c) 本来の意図された使用又は適用ができないような処置をとる"とは"廃棄すること"を含む．
c) 顧客への通知 d) 特別採用による受入の正式な許可の取得	b) 当該の権限をもつ者，及び該当する場合に顧客が，特別採用によって，その使用，リリース，又は合格と判定することを正式に許可する．
・不適合なアウトプットに修正を施したときには，要求事項への適合を検証しなければならない．	・不適合製品に修正を施した場合には，要求事項への適合性を実証するための再検証を行わなければならない．
8.7.2 組織は次の事項を満たす文書化した情報を保持しなければならない． a) 不適合が記載されている． b) とった処置が記載されている． c) 取得した特別採用が記載されている． d) 不適合に関する処置について決定をする権限をもつ者を特定している．	・不適合の性質の記録，及び不適合に対してとられた特別採用を含む処置の記録を維持しなければならない（4.2.4 参照）．

* 2008 年版の評価の位置から製品及びサービスの実現の位置に移された（2008 年版の 8.2.4 も同様である）．
* サービス提供がすぐ顧客への引渡しとなるサービス特性への配慮がなされている．

9. パフォーマンス評価

JIS Q 9001:2015	JIS Q 9001:2008
9　パフォーマンス評価 9.1　監視,測定,分析及び評価 9.1.1　一般 ・組織は,次の事項を決定しなければならない. 　a）監視及び測定が必要な対象 　b）妥当な結果を確実にするために必要な,監視,測定,分析及び評価の方法 　c）監視及び測定の実施時期 　d）監視及び測定の結果の,分析及び評価の時期 ・組織は,品質マネジメントシステムのパフォーマンス及び有効性を評価しなければならない. ・組織は,この結果の証拠として,適切な文書化した情報を保持しなければならない.	8　測定,分析及び改善 ＊具体的な内容は個別の箇条で要求することとし,ここでは「一般」という位置づけの要求となっている. ＊「箇条9.1.3 分析及び評価」のa）～g）をみれば,何を監視及び測定しなければならないかわかる. ＊パフォーマンスの評価を要求している. 8.1　一般 ・組織は,次の事項のために必要となる監視,測定,分析及び改善のプロセスを計画し,実施しなければならない. 　a）製品要求事項への適合を実証する. 　b）品質マネジメントシステムの適合性を確実にする. 　c）品質マネジメントシステムの有効性を継続的に改善する. ・これには,統計的手法を含め,適用可能な方法,及びその使用の程度を決定することを含めなければならない. 8.2　監視及び測定 8.2.4　製品の監視及び測定 ・組織は,製品要求事項が満たされていることを検証するために,製品の特性を監視し,測定しなければならない. ・監視及び測定は,個別製品の実現の計画（7.1参照）に従って,製品実現の適切な段階で実施しなければならない. ・合否判定基準への適合の証拠を維持しなければならない. ・顧客への引渡しのための製品のリリースを正式に許可した人を,記録しておかなければならない（4.2.4参照）.

	・個別製品の実現の計画（7.1参照）で決めたことが問題なく完了するまでは，顧客への製品のリリース及びサービスの提供は行ってはならない． ・ただし，当該の権限をもつ者が承認したとき，及び該当する場合に顧客が承認したときは，この限りではない． 8.2.3　プロセスの監視及び測定 ・組織は，品質マネジメントシステムのプロセスの監視，及び適用可能な場合に行う測定には，適切な方法を適用しなければならない． ・これらの方法は，プロセスが計画どおりの結果を達成する能力があることを実証するものでなければならない． ・計画どおりの結果が達成できない場合には，適切に，修正及び是正処置をとらなければならない． ・注記　適切な方法を決定するとき，組織は，製品要求事項への適合及び品質マネジメントシステムの有効性への影響に応じて，個々のプロセスに対する適切な監視又は測定の方式及び程度を考慮することを推奨する．

＊パフォーマンスが記述されている箇条
　4.1　4.4.1　7.2　7.3　8.3.3　8.4.1　8.4.3　9.1.1　9.1.3　9.3.2　10.1

9.1.2　顧客満足 ・組織は，顧客のニーズ及び期待が満たされている程度について，顧客がどのように受け止めているかを監視しなければならない．	8.2.1　顧客満足 ・組織は，品質マネジメントシステムの成果を含む実施状況の測定の一つとして，顧客要求事項を満たしているかどうかに関して顧客がどのように受けとめているかについての情報を監視しなければならない． ＊監視の対象が「顧客要求事項」であったのが，「顧客のニーズ及び期待」と範囲が広がっている． ＊顧客満足の定義も変更されている．（次ページの定義参照）
・組織は，この情報の入手，監視及びレビューの方法を決定しなければならない． ・注記　顧客の受け止め方の監視には，例えば，顧客調査，提供した製品及びサービスに関する顧客からのフィードバック，顧客との会合，市場シェアの分析，顧客からの賛辞，補償請求及びディーラ報告が含まれ得る．	・この情報の入手及び使用の方法を定めなければならない． ・注記　顧客がどのように受けとめているかの監視には，顧客満足度調査，提供された製品品質に関する顧客からのデータ，ユーザ意見調査，失注分析，顧客からの賛辞，補償請求及びディーラ報告のような情報源から得たインプットを含めることができる．

定義（JIS Q 9000:2015）
顧客満足（3.9.2）
- 顧客（3.2.4）の期待が満たされている程度に関する顧客の受け止め方．
  （ISO 9000:2005　3.1.4　顧客の要求事項（3.1.2）が満たされている程度に関する顧客の受け止め方．）
- 注記1　製品（3.7.6）又はサービス（3.7.7）が引き渡されるまで，顧客の期待が，組織（3.2.1）に知られていない又は顧客本人も認識していないことがある．
  顧客の期待が明示されていない，暗黙のうちに了解されていない又は義務として要求されていない場合でも，これを満たすという高い顧客満足を達成することが必要なことがある．
- 注記2　苦情（3.9.3）は，顧客満足が低いことの一般的な指標であるが，苦情がないことが必ずしも顧客満足が高いことを意味するわけではない．
- 注記3　顧客要求事項（3.6.4）が顧客と合意され，満たされている場合でも，それが必ずしも顧客満足が高いことを保証するものではない．
  （ISO 10004:2012 の 3.3 の注記を変更．）

9.1.3　分析及び評価 ・組織は，監視及び測定からの適切なデータ及び情報を分析し，評価しなければならない． ・分析の結果は，次の事項を評価するために用いなければならない． 　a）製品及びサービスの適合 　b）顧客満足度 　c）品質マネジメントシステムのパフォーマンス及び有効性 　d）計画が効果的に実施されたかどうか． 　e）リスク及び機会への取組みの有効性 　f）外部提供者のパフォーマンス 　g）品質マネジメントシステムの改善の必要性 ・注記　データを分析する方法には，統計的手法が含まれ得る．	8　測定，分析及び改善 8.4　データの分析 ・組織は，品質マネジメントシステムの適切性及び有効性を実証するため，また，品質マネジメントシステムの有効性の継続的な改善の可能性を評価するために適切なデータを明確にし，それらのデータを収集し，分析しなければならない． ・この中には，監視及び測定の結果から得られたデータ及びそれ以外の該当する情報源からのデータを含めなければならない． ・データの分析によって，次の事項に関連する情報を提供しなければならない． 　b）製品要求事項への適合（8.2.4 参照） 　a）顧客満足（8.2.1 参照） ＊追加 ＊追加 ＊追加 　c）予防処置の機会を得ることを含む，プロセス及び製品の，特性並びに傾向（8.2.3 及び 8.2.4 参照） 　d）供給者（7.4 参照） ＊追加

＊計画が求められている箇条
　6　計画
　8.1　運用の計画及び管理
　8.3.2　設計・開発の計画
　9.2　内部監査
　9.3.2　マネジメントレビューへのインプット

2015年版	2008年版
9.2　内部監査 9.2.1　組織は，品質マネジメントシステムが次の状況にあるか否かに関する情報を提供するために，あらかじめ定めた間隔で内部監査を実施しなければならない． 　a）次の事項に適合している． 　　1）品質マネジメントシステムに関して，組織自体が規定した要求事項 　　2）この規格の要求事項 　b）有効に実施され，維持されている． 9.2.2　組織は，次に示す事項を行わなければならない． 　a）頻度，方法，責任，計画要求事項及び報告を含む，監査プログラムの計画，確立，実施及び維持． 　　監査プログラムは，関連するプロセスの重要性，組織に影響を及ぼす変更，及び前回までの監査の結果を考慮に入れなければならない． 　b）各監査について，監査基準及び監査範囲を定める． 　c）監査プロセスの客観性及び公平性を確保するために，監査員を選定し，監査を実施する． 　d）監査の結果を関連する管理層に報告することを確実にする． 　e）遅滞なく，適切な修正を行い，是正処置をとる． 　f）監査プログラムの実施及び監査結果の証拠として，文書化した情報を保持する． ・注記　手引として JIS Q 19011 を参照．	8.2.2　内部監査 ・組織は，品質マネジメントシステムの次の事項が満たされているか否かを明確にするために，あらかじめ定められた間隔で内部監査を実施しなければならない． 　a）品質マネジメントシステムが，個別製品の実現の計画（7.1 参照）に適合しているか，この規格の要求事項に適合しているか，及び組織が決めた品質マネジメントシステム要求事項に適合しているか． 　b）品質マネジメントシステムが効果的に実施され，維持されているか． ・組織は，監査の対象となるプロセス及び領域の状態及び重要性，並びにこれまでの監査結果を考慮して，監査プログラムを策定しなければならない． ＊「組織に影響を及ぼす変更」が追加されている． ・監査の基準，範囲，頻度及び方法を規定しなければならない． ・監査員の選定及び監査の実施においては，監査プロセスの客観性及び公平性を確保しなければならない． ・監査員は，自らの仕事を監査してはならない． ・監査された領域に責任をもつ管理者は，検出された不適合及びその原因を除去するために遅滞なく，必要な修正及び是正処置すべてがとられることを確実にしなければならない． ・監査の計画及び実施，記録の作成及び結果の報告に関する責任，並びに要求事項を規定するために，"文書化された手順"を確立しなければならない． ・監査及びその結果の記録は，維持しなければならない（4.2.4 参照）． ・フォローアップには，とられた処置の検証及び検証結果の報告を含めなければならない（8.5.2 参照）． ・注記　JIS Q 19011 を参照．

9.3 マネジメントレビュー **9.3.1 一般** ・トップマネジメントは，組織の品質マネジメントシステムが，引き続き，適切，妥当かつ有効で更に組織の戦略的な方向性と一致していることを確実にするために，あらかじめ定めた間隔で，品質マネジメントシステムをレビューしなければならない．	**5.6 マネジメントレビュー** **5.6.1 一般** ・トップマネジメントは，組織の品質マネジメントシステムが，引き続き，適切，妥当かつ有効であることを確実にするために，あらかじめ定められた間隔で品質マネジメントシステムをレビューしなければならない．
9.3.2 マネジメントレビューへのインプット ・マネジメントレビューは，次の事項を考慮して計画し，実施しなければならない． 　a）前回までのマネジメントレビューの結果とった処置の状況 　b）品質マネジメントシステムに関連する外部及び内部の課題の変化 　c）次に示す傾向を含めた，品質マネジメントシステムのパフォーマンス及び有効性に関する情報 　　1）顧客満足及び密接に関連する利害関係者からのフィードバック 　　2）品質目標が満たされている程度 　　3）プロセスのパフォーマンス，並びに製品及びサービスの適合 　　4）不適合及び是正処置 　　5）監視及び測定の結果 　　6）監査結果 　　7）外部提供者のパフォーマンス 　d）資源の妥当性 　e）リスク及び機会への取組みの有効性（6.1 参照） 　f）改善の機会	**5.6.2 マネジメントレビューへのインプット** ・マネジメントレビューへのインプットには，次の情報を含めなければならない． 　e）前回までのマネジメントレビューの結果に対するフォローアップ ***箇条 4 を受けて追加** ***QMS のパフォーマンスについては箇条 7.2 を参照** ***追加** 　b）顧客からのフィードバック 　d）予防処置及び是正処置の状況 　c）プロセスの成果を含む実施状況及び製品の適合性 　a）監査の結果 ***追加** ***追加** ***箇条 6.1 を受けて追加** 　f）品質マネジメントシステムに影響を及ぼす可能性のある変更 　g）改善のための提案
9.3.3 マネジメントレビューからのアウトプット ・マネジメントレビューからのアウトプットには，次の事項に関する決定及び処置を含めなければならない． 　a）改善の機会	**5.6.3 マネジメントレビューからのアウトプット** ・マネジメントレビューからのアウトプットには，次の事項に関する決定及び処置すべてを含めなければならない． 　a）品質マネジメントシステム及びそのプロセスの有効性の改善 　b）顧客要求事項にかかわる，製品の改善

b）品質マネジメントシステムのあらゆる変更の必要性	5.6.1　一般 ・このレビューでは，品質マネジメントシステムの改善の機会の評価，品質方針及び品質目標を含む品質マネジメントシステムの変更の必要性の評価も行わなければならない．
c）資源の必要性 ・組織は，マネジメントレビューの結果の証拠として，文書化した情報を保持しなければならない．	5.6.3　c）資源の必要性 ・マネジメントレビューの結果の記録は，維持しなければならない（4.2.4参照）．

■ 10. 継続的改善

JIS Q 9001：2015	JIS Q 9001：2008
10　改善 10.1　一般 ・組織は，顧客要求事項を満たし，顧客満足を向上させるために，改善の機会を明確にし，選択しなければならず，また，必要な取組みを実施しなければならない． ・これには，次の事項を含めなければならない． 　a）要求事項を満たすため，並びに将来のニーズ及び期待に取り組むための，製品及びサービスの改善 　b）望ましくない影響の修正，防止又は低減 　c）品質マネジメントシステムのパフォーマンス及び有効性の改善 ・注記　改善には，例えば，修正，是正処置，継続的改善，現状を打破する変更，革新及び組織再編を含まれ得る．	＊新規な箇条 ＊改善に取り組む3つの対象を要求している． 　・製品及びサービス 　・望ましくない影響 　・QMSのパフォーマンス及び有効性 ＊革新（innovation）が記述された．革新は奨励するが，要求事項ではない．

＊改善活動は，顧客要求事項を満たし，顧客満足を向上させることが必要．

定義（JIS Q 9000：2015）
　品質改善（3.3.8）
　　・品質要求事項（3.6.5）を満たす能力を高めることに焦点を合わせた品質マネジメント（3.3.4）の一部．
　　・注記　品質要求事項は，有効性（3.7.11），効率（3.7.10），トレーサビリティ（3.6.13）などの側面に関連し得る．

　革新（3.6.15）
　　・価値を実現する又は再配分する，新しい又は変更された対象（3.6.1）．
　　・注記1　革新を結果として生む活動は，一般に，マネジメントされている．
　　・注記2　革新は，一般に，その影響が大きい．

10.2 不適合及び是正処置 10.2.1 苦情から生じたものを含め，不適合が発生した場合，組織は，次の事項を行わなければならない． 　a）その不適合に対処し，該当する場合には，必ず，次の事項を行う． 　　1）その不適合を管理し，修正するための処置をとる． 　　2）その不適合によって起こった結果に対処する． 　b）その不適合が再発又は他のところで発生しないようにするため，次の事項によって，その不適合の原因を除去するための処置をとる必要性を評価する． 　　1）その不適合をレビューし，分析する． 　　2）その不適合の原因を明確にする． 　　3）類似の不適合の有無，又はそれが発生する可能性を明確にする． 　c）必要な処置を実施する． 　d）とった全ての是正処置の有効性をレビューする． 　e）必要な場合には，計画の策定段階で決定したリスク及び機会を更新する． 　f）必要な場合には，品質マネジメントシステムの変更を行う． ・是正処置は，検出された不適合のもつ影響に応じたものでなければならない． 10.2.2 組織は，次に示す事項の証拠として，文書化した情報を保持しなければならない． 　a）不適合の性質及びそれに対してとったあらゆる処置 　b）是正処置の結果	＊製品及びサービスの不適合は箇条8.7で対応． 8.5.2 是正処置 ・組織は，再発防止のため，不適合の原因を除去する処置をとらなければならない． c）不適合の再発防止を確実にするための処置の必要性の評価 a）不適合（顧客からの苦情を含む）の内容確認 b）不適合の原因の特定 ＊類似の不適合への対応（水平展開）を要求 d）必要な処置の決定及び実施 f）とった是正処置の有効性のレビュー ＊リスクを追加 ＊システムレベルの変更を要求 ・是正処置は，検出された不適合のもつ影響に応じたものでなければならない． ・次の事項に関する要求事項を規定するために，"文書化された手順"を確立しなければならない． a）〜f） e）とった処置の結果の記録（4.2.4参照）
10.3 継続的改善 ・組織は，品質マネジメントシステムの適切性，妥当性及び有効性を継続的に改善しなければならない． ・組織は，継続的改善の一環として取り組まなければならない必要性又は機会があるかどうかを明確にするために，分析及び評価の結果並びにマネジメントレビューからのアウトプットを検討しなければならない．	8.5 改善 8.5.1 継続的改善 ・組織は，品質方針，品質目標，監査結果，データの分析，是正処置，予防処置及びマネジメントレビューを通じて，品質マネジメントシステムの有効性を継続的に改善しなければならない． ＊分析及び評価の結果（9.1.3）とマネジメントレビューのアウトプット（9.3.3）を継続的改善の対象にとするかを検討することが求められている．

	＊予防処置を削除 8.5.3　予防処置 ・組織は，起こり得る不適合が発生することを防止するために，その原因を除去する処置を決めなければならない． ・予防処置は，起こり得る問題の影響に応じたものでなければならない． ・次の事項に関する要求事項を規定するために，"文書化された手順"を確立しなければならない． 　a）起こり得る不適合及びその原因の特定 　b）不適合の発生を予防するための処置の必要性の評価 　c）必要な処置の決定及び実施 　d）とった処置の結果の記録（4.2.4参照） 　e）とった予防処置の有効性のレビュー

附属書 SL（Annex SL）
マネジメントシステム規格の提案

付録

付録　附属書 SL（Annex SL）　マネジメントシステム規格の提案

　統合版 ISO 補足指針（2014 年版）の「附属書 SL（Annex SL）（規定）：マネジメントシステム規格の提案」の目次を整理して，付録-1 に示す．

　本文は下記の項目（1～9）が記述され，その後に 3 つの Appendix が添付されている．

1. 一般
2. 妥当性評価を提出する義務
3. 妥当性評価を提出していない場合
4. 附属書 SL の適用性
5. 用語及び定義（1～5）
6. 一般原則
7. 妥当性評価プロセス及び基準
8. MSS の開発プロセス及び構成に関する手引
9. マネジメントシステム規格における利用のための上位構造，共通の中核となるテキスト，並びに共通用語及び中核となる定義

Appendix 1（規定）：妥当性の判断基準となる質問事項
Appendix 2（規定）：上位構造，共通の中核となるテキスト，共通用語及び中核となる定義
Appendix 3（参考）：上位構造，共通の中核となるテキスト，並びに共通用語及び中核となる定義に関する手引

　本文の記述の中で，ISO 9001:2015 を理解するために参考となる情報を抜粋して以下に示す．

- マネジメントシステム規格（MSS）を新たに作成する提案の場合は常に，この附属書 SL の Appendix 1 に従い，妥当性評価（JS：justification study）を提出し，承認を受けなければならない．
- 開発がすでに承認されている既存の MSS の改訂には妥当性評価は必要ない（最初の開発中に JS が提出されなかった場合を除き）．
- 妥当性評価が既に提出され承認された特定の**タイプ A** の MSS に関するガイダンスを提供する**タイプ B** の MSS については，妥当性評価（JS）は要求されない．

タイプAのMSS：要求事項を提供するMSS
　　　　例：マネジメントシステム要求事項規格（規定要求事項）
　　　　　　マネジメントシステム産業分野固有要求事項規格
　　　タイプBのMSS：指針を提供するMSS
　　　　例：マネジメントシステム要求事項規格の利用に関する手引き
　　　　　　マネジメントシステムの構築に関する手引
　　　　　　マネジメントシステムの改善／強化に関する手引

・原則として，すべてのMSSは（**タイプA**か**タイプB**かに関わらず），使いやすく他のMSSと両立性があるように，一貫した構造，共通のテキスト及び用語を使用しなければならない．
・原則として，この附属書SLのAppendix 2に記載された手引及び構造も順守しなければならない．
・妥当性評価で実証された規格の意図が維持されることを確実にするために，作業原案を作成する前に「設計仕様書」を開発してもよい．
・**タイプA**のMSSのユーザが適合性を実証することが予測される場合，製造者又は供給者（第一者又は自己宣言），ユーザ又は購入者（第二者），又は独立機関（第三者，認証又は審査登録として知られる）によって適合性が評価され得ることをMSSに記載しなければならない．
・Appendix 2には，今後制定／改正される**タイプA**及び可能な場合は**タイプB**のISO MSSの主要部となる，上位構造，共通の中核となるテキスト，並びに共通用語及び中核となる定義を示す．
・共通テキストの中で，xxxと表記してある部分に，マネジメントシステムの分野固有を示す修飾語（例えば，エネルギー，道路交通安全，ITセキュリティ，食品安全，社会セキュリティ，環境，品質）を挿入する必要がある．
・Appendix 2へ追加する場合は，追加の細部箇条（第2階層以降の細部箇条を含む）を，共通テキストの細部箇条の前又はその後に挿入し，それに従って箇条番号の振りなおしを行う．
・リスクという概念の理解は，Appendix 2の定義（3.09）に示されたものよりも，更に固有である場合もある．この場合，分野固有の用語及び定義が必要なことがある．分野固有の用語及び定義は，中核となる定義とは区別する．
・Appendix 2の使用に関する手引きを，Appendix 3に示す．

付録 附属書 SL（Annex SL） マネジメントシステム規格の提案

付録-1　Annex SL（附属書 SL）目次

Annex SL（規定）
マネジメントシステム規格の提案

1. 一般
2. 妥当性評価を提出する義務
3. 妥当性評価を提出していない場合
4. 附属書 SL の適用性
5. 用語及び定義（1～5）
6. 一般原則
7. 妥当性評価プロセス及び基準
8. MSS の開発プロセス及び構成に関する手引
9. マネジメントシステム規格における利用のための上位構造，共通の中核となるテキスト，並びに共通用語及び中核となる定義

タイプ A の MSS：要求事項を提供する MSS
タイプ B の MSS：指針を提供する MSS

Appendix 1（規定）
妥当性の判断基準となる質問事項

MSS 提案の基本情報
原則 1　市場適合性
原則 2　両立性
原則 3　網羅性
原則 4　柔軟性
原則 5　自由貿易
原則 6　適合性評価の適用可能性
原則 7　除外

Appendix 3（参考）
上位構造，共通の中核となるテキスト，並びに共通用語及び中核となる定義に関する手引き

Appendix 2（規定）
上位構造，共通の中核となる共通テキスト，共通用語及び中核となる定義

1. 適用範囲
2. 引用規格

3. 用語及び定義
3.01 組織	3.11 文書化した情報
3.02 利害関係者／ステークホルダー	3.12 プロセス
	3.13 パフォーマンス
3.03 要求事項	3.14 外部委託する
3.04 マネジメントシステム	3.15 監視
3.05 トップマネジメント	3.16 測定
3.06 有効性	3.17 監査
3.07 方針	3.18 適合
3.08 目的	3.19 不適合
3.09 リスク	3.20 是正処置
3.10 力量	3.21 継続的改善

4. 組織の状況
4.1 組織及びその状況の理解
4.2 利害関係者のニーズ及び期待の理解
4.3 xxx マネジメントシステムの適用範囲の決定
4.4 xxx マネジメントシステム
5. リーダーシップ
5.1 リーダーシップ及びコミットメント
5.2 方針
5.3 組織の役割，責任及び権限
6. 計画
6.1 リスク及び機会への取組み
6.2 xxx 目的及びそれを達成するための計画策定
7. 支援
7.1 資源
7.2 力量
7.3 認識
7.4 コミュニケーション
7.5 文書化した情報
7.5.1 一般
7.5.2 作成及び更新
7.5.3 文書化した情報の管理
8. 運用
8.1 運用の計画及び管理
9. パフォーマンス評価
9.1 監視，測定，分析及び評価
9.2 内部監査
9.3 マネジメントレビュー
10. 改善
10.1 不適合及び是正処置
10.2 継続的改善

出展：ISO/IEC　専門業務用指針，第 1 部／統合版 ISO 補足指針：2014 年版

Appendix2 の要求項目（箇条 4〜10）を図式化して，付録-2 に示す．**3 章**の 図1 と比較して，上記の提案に従って作成された ISO 9001:2015 と Appendix 2 との相違（変更及び追加項目）を確認していただきたい．

付録-2　Annex SL Appendix 2　要求項目の図解

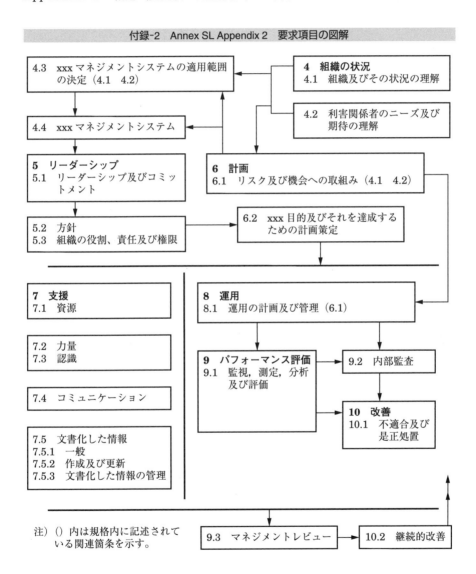

〈著者紹介〉

三 代 義 雄（みしろ よしお）

(株)エル・エム・ジェイ・ジャパン アソシエイト／主席講師．
防衛庁（現防衛省）からの MIL-Q-9858A 被監査業務を経て，企業内にて ISO 9001 認証取得のためのコーディネーターを担当し，全 16 事業部，及び関連会社の認証取得を支援し，現在に至る．
1994 年より，LMJ 米国本社 L.Marvin Johnson（L. マービン・ジョンソン）創始者より直接指導を受け，アソシエイト（主席講師）として認定される．豊富な知識と経験に裏付けられた迫力ある講義では「カリスマ講師」と称され，ファンは多い．現在，LMJ ジャパンにおいて，ISO 9001/14001 の 2015 年版の移行研修，ISO 9001/14001 審査員コース主任講師，審査員のための各種 CPD 研修を担当しているほか，認証機関の審査員・コンサルティング業務で活躍している．

● 英国 IRCA／日本 JRCA 登録 QMS 主任審査員
● 日本 CEAR 登録 EMS 主任審査員

- 本書の内容に関する質問は，オーム社書籍編集局「(書名を明記)」係宛に，書状または FAX（03-3293-2824），E-mail（shoseki@ohmsha.co.jp）にてお願いします．お受けできる質問は本書で紹介した内容に限らせていただきます．なお，電話での質問にはお答えできませんので，あらかじめご了承ください．
- 万一，落丁・乱丁の場合は，送料当社負担でお取替えいたします．当社販売課宛にお送りください．
- 本書の一部の複写複製を希望される場合は，本書扉裏を参照してください．

[JCOPY] ＜(社)出版者著作権管理機構 委託出版物＞

ISO マネジメントシステム強化書

ISO 9001：2015
―規格の歴史探訪から Annex SL まで―

平成 28 年 2 月 15 日　第 1 版第 1 刷発行

著　者　三代義雄
発行者　村上和夫
発行所　株式会社　オーム社
　　　　郵便番号　101-8460
　　　　東京都千代田区神田錦町 3-1
　　　　電話　03(3233)0641(代表)
　　　　URL　http://www.ohmsha.co.jp/

© 三代義雄 2016

組版　タイプアンドたいぽ　　印刷　千修　　製本　三水舎
ISBN978-4-274-21828-6　Printed in Japan

関連書籍のご案内

///リスクの概念、そしてリスクマネジメントを理解し、
///迅速な意思決定に役立てよう！

意思決定のための
リスクマネジメント

榎本 徹[著]

本書は、リスクマネジメントにおける、リスクの概念からの解説から始まり、リスクマネジメントの経営システム化、そして意思決定の質の改善までを一貫して取り上げた、リスクマネジメントのナビゲーターともいえる書籍です。

リスクマネジメントとリスクアセスメントの国際規格化もなされ、リスクの新時代を迎えています。これまで以上に経営システムへの導入を含め、注目が集まるリスクマネジメントの活用ガイドとしても最適です。

A5判・224頁
定価（本体2500円【税別】）

///事故・技術者倫理・リスクマネジメントについて詳解！

技術者倫理と
リスクマネジメント
事故はどうして防げなかったのか？

中村 昌允[著]

本書は、技術者倫理、リスクマネジメントの教科書であるとともに、事故の発生について深い洞察を加えた啓蒙書です。技術者倫理・リスクマネジメントを学ぶ書籍の中でも、事故・事例などを取り上げ、その対処について具体的に展開するかたちをとっているユニークなものとなっています。

原発事故、スペースシャトル爆発、化学プラントの火災などを事例として取り上げ、事故を未然に防ぐこと、起きた事故を最小の被害に防ぐことなど、リスクマネジメント全体への興味が高まっている中、それらに応える魅力的な本となります。

A5判・288頁
定価（本体2000円【税別】）

もっと詳しい情報をお届けできます。
○書店に商品がない場合または直接ご注文の場合は右記宛にご連絡ください。

ホームページ　http://www.ohmsha.co.jp/
TEL／FAX　TEL.03-3233-0643　FAX.03-3233-3440

（定価は変更される場合があります）

B-1602-85